¿Tiene los conocimientos necesarios?

¿Puede adoptar una posición?

¿Puede dirigir el debate?

Manual de políticas públicas de telecomunicaciones móviles

Una guía de temas clave

Acerca de este manual

Los ciudadanos de un país obtienen el máximo beneficio cuando los sectores público y privado trabajan juntos abiertamente y con confianza. Esta es la razón por la cual la GSMA apoya a gobiernos y reguladores en sus esfuerzos para introducir políticas de telecomunicaciones que favorezcan las inversiones.

El Manual de políticas públicas de telecomunicaciones móviles: Una guía de temas clave, forma parte de los esfuerzos de la GSMA para promover dicha colaboración. Constituye un recurso excepcional que reúne una variedad de temas sobre políticas de comunicaciones móviles y posiciones e iniciativas de la industria. Es una guía sobre las mejores prácticas.

Como asociación global de operadores móviles, la GSMA lleva a cabo y encarga estudios sobre las tendencias y retos en materia de políticas dentro del mercado de las comunicaciones móviles, el cual está en constante cambio. Este manual está basado en el profundo conocimiento del sector móvil que tiene la asociación y presenta la información de una forma práctica para quienes deseen explorar los temas y desarrollar el valor de la tecnología móvil en su propio mercado.

En esta quinta edición del Manual de políticas públicas de telecomunicaciones móviles, se han agregado una serie de secciones nuevas, entre ellas una sobre los Objetivos de Desarrollo Sostenible que refleja el compromiso de la industria móvil con el Programa 2030 de la ONU. Se han presentado nuevos temas de política y posiciones de la industria sobre la privacidad y Big Data, órdenes de restricción de servicios, ciudades inteligentes y el espectro de Internet de las cosas. A lo largo del libro, el contenido se ha renovado con estadísticas actualizadas, recursos nuevos y puntos de vista de la industria.

La versión en línea de este recurso — **www.gsma.com/publicpolicy/handbook** — ofrece un catálogo siempre actualizado sobre las posiciones de la industria.

Los lectores pueden ponerse en contacto con la GSMA si tienen preguntas o si requieren más información. Envíenos un correo electrónico a **handbook@gsma.com**.

Tendencias de un mundo en evolución

Hay dos tecnologías que han transformado la vida de miles de millones de personas en las últimas dos décadas: las comunicaciones móviles e Internet. Al principio, estas dos tecnologías se desarrollaron de forma paralela, pero ahora convergen en el mismo camino.

Esta convergencia está teniendo un profundo impacto en la vida cotidiana de miles de millones de personas en todo el mundo. Por ejemplo, la conectividad de banda ancha móvil en todas partes y la adopción masiva de teléfonos inteligentes cada vez más sofisticados son los factores clave del aumento de la economía colaborativa, lo que está cambiando la forma en que muchas personas consumen bienes y servicios.

A su vez, se ha producido una revolución profunda en las comunicaciones máquina-a-máquina (M2M). Nos encontramos aún en los inicios de esta situación, pero miles de millones de mensajes automatizados ya fluyen entre dispositivos interconectados a través de Internet.

Estas tendencias dominantes rigen en gran medida el trabajo de la GSMA con los responsables de políticas públicas y replantean cuestiones como: protección de datos y privacidad, la Internet de las cosas, la economía en red y gobierno móvil (mobile government). Nunca antes el rol del regulador y del ministerio de comunicaciones había sido tan importante para el éxito de las políticas económicas y sociales a nivel nacional. Las repercusiones se extienden hacia los campos de los negocios, la educación, la salud, el acceso a los servicios financieros y gubernamentales, y muchos otros.

A medida que Internet móvil se convierte en la clave para la transformación de muchos otros sectores, los encargados de formular políticas se enfrentan a nuevos e interesantes retos, y tendrán que navegar por aguas desconocidas. Esperamos que este manual ofrezca una orientación en ese viaje.

#Futuromejor

Los líderes mundiales aprobaron por unanimidad el programa 2030 de las Naciones Unidas para el Desarrollo Sostenible en una cumbre histórica en septiembre de 2015. El programa describe 17 Objetivos de Desarrollo Sostenible (ODS) que actúan como la lista de tareas pendientes del mundo para poner fin a la pobreza, reducir las desigualdades y luchar contra el cambio climático.

La industria móvil está desempeñando un papel fundamental en apoyar los esfuerzos para lograr estos objetivos mediante el trabajo con los gobiernos y la comunidad internacional para ampliar la conectividad, reducir los obstáculos de acceso y garantizar que las herramientas y aplicaciones se desarrollen con las comunidades vulnerables en mente.

La GSMA también ha puesto en marcha la aplicación móvil SDGs in Action (ODS en Acción), que se puede descargar desde www.sdgsinaction.com. Desarrollada en colaboración con la ONU y el Proyecto Todos, la aplicación proporciona un foro mundial a través del cual la industria, los gobiernos y los ciudadanos individuales pueden obtener de forma colectiva la promesa de los ODS.

OBJETIVOS DE DESARROLLO SOSTENIBLE

1. FIN DE LA POBREZA

Al ampliar el acceso a la Internet móvil y soluciones de dinero móvil para el acceso a servicios bancarios, la industria está acelerando el crecimiento económico y ayudando a sacar a las personas de la pobreza. Una ambición clave es reducir la importante disparidad de las necesidades entre regiones geográficas.

2. HAMBRE CERO

La agricultura es el principal contribuyente al PIB y el mayor empleador en los mercados emergentes, pero los rendimientos siguen siendo un tercio más bajos que en los mercados desarrollados. La conectividad móvil permite soluciones inteligentes que aumentan la productividad y la rentabilidad de pequeños agricultores y productores industriales.

3. SALUD Y BIENESTAR

Más de 400 millones de personas actualmente no tienen acceso a atención médica asequible. Al proporcionar conectividad y respaldar aplicaciones y servicios de atención médica innovadores, la industria móvil está ayudando a aumentar la calidad, reducir los costos y ampliar el alcance de la asistencia sanitaria básica.

4. EDUCACIÓN DE CALIDAD

La conectividad móvil puede incrementar el acceso a la educación para las personas, incluso en los lugares más remotos. Un objetivo principal de estos esfuerzos es garantizar que la educación sea inclusiva de las mujeres y personas de escasos recursos.

5. IGUALDAD DE GÉNERO

En la actualidad, más de 1700 millones de mujeres de países con niveles de ingresos bajos y medios no poseen un teléfono móvil. La industria está trabajando para reducir la brecha de género en el uso de la Internet móvil y los servicios de dinero móvil, y conectar mejor a las mujeres y a las niñas a servicios, comunidades, información y oportunidades.

6. AGUA LIMPIA Y SANEAMIENTO

Las soluciones de gestión inteligentes reducen el consumo en el esfuerzo por garantizar la disponibilidad de agua y saneamiento para todos. Soluciones de pago alternativo, como las que se basan en el dinero móvil, también están ayudando a prestar servicios públicos asequibles en los mercados emergentes.

7. ENERGÍA ASEQUIBLE Y NO CONTAMINANTE

La conectividad móvil puede permitir una gestión energética inteligente para reducir el consumo en todo el mundo. También puede ayudar a crear nuevas vías y opciones de pago para llevar el suministro de electricidad a los 1200 millones de personas en el mundo que actualmente no tienen acceso.

8. TRABAJO DECENTE Y CRECIMIENTO ECONÓMICO

La conectividad móvil crea puestos de trabajo directa e indirectamente mediante la aceleración del crecimiento económico y la facilitación de la innovación. Por ejemplo, 17 millones de puestos de trabajo estuvieron respaldados directamente por el ecosistema móvil en 2015, y se espera que esto aumente a 20 millones en 2020.

9. INDUSTRIA, INNOVACIÓN E INFRAESTRUCTURA

La industria juega un papel importante en el desarrollo de la infraestructura, tanto como proveedor de infraestructura vital y como un catalizador para la evolución de otros sectores, incluidos los procesos industriales y de fabricación. Por otra parte, el apoyo de una mejora en el intercambio de información, permite fomentar ecosistemas de investigación y desarrollo.

10. REDUCCIÓN DE LAS DESIGUALDADES

Para muchos grupos marginados, la comunicación móvil es el primer paso para la participación inclusiva en una sociedad conectada. La comunicación móvil también tiene una función transformadora fundamental en la prestación de identidad formal y la banca. Por ejemplo, a través de servicios de dinero móvil la industria aumenta la inclusión financiera y facilita las remesas que son asequibles y accesibles ampliamente.

11. CIUDADES Y COMUNIDADES SOSTENIBLES

La industria móvil proporciona comunicaciones de importancia crítica para los servicios clave en cada comunidad. Los operadores de redes móviles proporcionan conectividad que salvan vidas en caso de catástrofes naturales, conflictos y guerras. La conectividad también impulsa la innovación para reducir las huellas medioambientales.

12. PRODUCCIÓN Y CONSUMO RESPONSABLES

La conectividad móvil ayuda a fomentar la colaboración y la innovación, y es un factor clave de las soluciones de transporte inteligentes. La conectividad que la industria ofrece permite una visión inteligente para ayudar a las personas a mejorar sus patrones de consumo y reducir su impacto ambiental.

13. ACCIÓN POR EL CLIMA

Los operadores móviles están reduciendo el consumo de energía y adoptando prácticas más eficientes en términos energéticos. Nuestras redes se pueden utilizar para el intercambio de metodología de mejores prácticas y fomentar el uso de tecnologías ecológicas para reducir las emisiones de carbono en aproximadamente 40 millones de toneladas al año.

14. VIDA SUBMARINA

Al proporcionar conectividad a soluciones de monitoreo ambiental que se basan en la tecnología de Internet de las cosas, la industria móvil está ayudando a conservar y mantener los recursos marinos. La industria también está expandiendo la conectividad a las comunidades remotas de pesca para aumentar su acceso a la información de mercado.

15. VIDA DE ECOSISTEMAS TERRESTRES

Las redes móviles están permitiendo iniciativas de agricultura más inteligentes dirigidas a mejorar los rendimientos de los cultivos al mismo tiempo que reducen el consumo de agua. Las soluciones de monitoreo que se basan en la conectividad móvil también se están utilizando para prevenir la deforestación.

16. PAZ, JUSTICIA E INSTITUCIONES SÓLIDAS

El aumento de la conectividad promueve la comprensión y la tolerancia mediante la conexión de diferentes culturas y religiones. Las redes móviles facilitan que los ciudadanos se conecten con sus comunidades e instituciones, establezcan una identidad, participen en la economía formal y reciban servicios del gobierno.

17. ALIANZAS PARA LOGRAR LOS OBJETIVOS

Los operadores móviles de todo el mundo han adoptado la presentación de las metas mundiales de la ONU. El Informe de impacto a la industria móvil de la GSMA de 2016 establece un punto de referencia a través del cual la industria evaluará su éxito en la contribución a los Objetivos de Desarrollo Sostenible (ODS) y sirve como modelo para otras industrias a medida que se comprometan a alcanzar los ODS.

Recursos:
Informe GSMA: Impacto de la industria móvil en 2016: Objetivos de Desarrollo Sostenible
Aplicación de GSMA: Objetivos de Desarrollo Sostenible: los ODS en acción
Sitio web del Proyecto Todos

Mobile for Development (Servicios móviles para el desarrollo)

El espectacular crecimiento de la tecnología móvil pone al sector en una posición única para mejorar las vidas de los menos privilegiados en los mercados emergentes. Para el 2020, se estima que más del 90 por ciento de los mil millones de suscriptores móviles adicionales provendrá de los mercados en desarrollo. Los servicios móviles ya se han convertido en una poderosa plataforma para la inclusión digital y financiera, dado que las redes móviles suelen ser la infraestructura más confiable y extendida en estos mercados, donde enormes grupos de la población no tienen acceso a servicios básicos.

Por ejemplo, dos mil millones de personas en todo el mundo no tienen acceso a servicios financieros formales; 1800 millones no tienen acceso a mejores servicios de saneamiento, 643 millones no tienen acceso a servicios eléctricos y 262 millones consumen agua que no ha sido protegida contra la contaminación externa; sin embargo, la mayoría de estas personas vive en áreas cubiertas por redes móviles.

Al asociarse con la industria móvil, los gobiernos y las comunidades filantrópicas, el programa Servicios móviles para el desarrollo (M4D) de la GSMA trabaja para probar, desarrollar y ampliar soluciones móviles que pueden ayudar a eliminar estas brechas. A la fecha, M4D ha trabajado en más de 50 países y ha llegado a 26 millones de individuos.

La estrategia de M4D se centra en tres áreas clave: conectividad, servicios financieros e identidad digital. Asimismo, continúa trabajando para demostrar el positivo impacto socioeconómico que los servicios móviles pueden tener en áreas tales como la prestación de servicios sanitarios, la mejora del acceso a la energía y el agua, y la reducción de la brecha de género en el uso de los servicios móviles. Los operadores, otros agentes del ecosistema, gobiernos y reguladores tienen un rol que desempeñar para enfrentarse a estos desafíos. Estos esfuerzos y otros se explican de forma más detallada en las siguientes páginas.

Connected Society: inclusión digital

Antecedentes

Aproximadamente el 62 por ciento de la población mundial no está conectada a Internet y la mayoría de estas personas son consumidores que residen en áreas rurales de países en desarrollo. Esto hace que queden excluidos de muchas oportunidades sociales y económicas, y afecta negativamente al desarrollo económico de los países en los que viven.

Por ejemplo, la firma de consultoría McKinsey estima que Internet podría suponer hasta el diez por ciento del producto bruto interno anual de África en 2025 (en comparación al uno por ciento actual), debido a los efectos transformadores de Internet sobre el comercio minorista, la agricultura, la educación y los servicios de atención médica.

En el mundo en desarrollo, la tecnología móvil es el sistema más barato y adecuado para acceder a Internet, y a menudo es el primer punto de contacto con Internet para los consumidores de las zonas rurales. De acuerdo a GSMA Intelligence, la penetración móvil en el mundo en desarrollo ha aumentado de forma constante desde aproximadamente el 25 por ciento hasta el 44 por ciento en los últimos cinco años.

Sin embargo, a pesar de este rápido aumento, aún hay diferentes barreras en el camino de estas poblaciones para que puedan beneficiarse totalmente de Internet móvil. Entre estas barreras, se incluyen los retos relativos a la infraestructura, la asequibilidad, los impedimentos de los consumidores, como la educación digital y la ausencia de contenidos locales relevantes.

Objetivos del programa

El programa Connected Society de la GSMA apoya al sector móvil en sus esfuerzos por entregar acceso a Internet móvil a las personas menos favorecidas de los países en desarrollo. Con el fin de alcanzar este objetivo, el programa ofrece investigaciones basadas en evidencias, estudios de casos y servicios de asesoramiento para ayudar a los operadores móviles, formuladores de políticas públicas y otras partes implicadas a eliminar las barreras relativas a la infraestructura, asequibilidad, educación digital y contenidos locales.

El programa también colabora estrechamente con el programa Mujeres conectadas de la GSMA para eliminar la brecha de género en términos de propiedad de teléfonos celulares. Además, colabora con el programa de Respuesta ante desastres de la GSMA en su objetivo de ayudar a las organizaciones humanitarias, gobiernos, organizaciones no gubernamentales (ONG) y el resto de miembros del ecosistema móvil a desarrollar mecanismos de respuesta coordinados y altamente eficaces en caso de desastres para el sector móvil.

Consideraciones sobre políticas públicas

El crecimiento del sector móvil ha permitido un mayor acceso a las Tecnologías de la Información y la Comunicación (TIC). No obstante, se mantienen algunas barreras para el acceso a Internet móvil y a sus servicios, especialmente en los países en desarrollo. Hay algunas áreas en las que los gobiernos y otros actores clave se pueden centrar para ayudar a eliminar esta brecha digital.

Asequibilidad. Los impuestos específicos para la tecnología móvil suponen barreras a la hora de poseer y utilizar un teléfono móvil. Esto es especialmente cierto en los mercados en desarrollo, donde la asequibilidad es un factor crítico a la hora de aumentar la inclusión digital y el acceso a Internet móvil. Mediante la adopción de reducciones graduales de impuestos específicos del sector móvil, los gobiernos se pueden beneficiar del crecimiento económico adicional impulsado por Internet móvil, al mismo tiempo que limita las pérdidas a corto plazo en sus ingresos fiscales.

Aptitudes y alfabetización digital. La mayoría de las personas en los mercados en desarrollo acceden a Internet por primera vez a través de un teléfono móvil. No obstante, muchas de estas personas tienen un nivel educacional muy bajo y conocimientos digitales limitados. Para eliminar esta barrera la GSMA ha creado el Mobile Internet Skills Training Toolkit (Kit de herramientas de capacitación para el uso de Internet móvil, MISTT), un recurso que ayuda a las personas a adquirir las habilidades necesarias para acceder a Internet móvil y disfrutar de los beneficios y oportunidades de estar en línea.

Los gobiernos también pueden intervenir para apoyar las necesidades de estos ciudadanos al garantizar sistemas de educación sólidos en las escuelas de nivel primario y secundario e introducir la tecnología móvil a las personas a temprana edad como parte del plan de estudios estándar.

Infraestructura. Aproximadamente 1600 millones de los 4200 millones de personas que aún no están conectadas viven fuera del área de cobertura de las redes móviles 3G. Cerrar la brecha de cobertura móvil es principalmente un desafío económico y no técnico. Estas poblaciones desconectadas por lo general viven en zonas rurales poco pobladas con bajos niveles de ingresos e infraestructura deficiente o inexistente que permita el desarrollo, tales como sistemas eléctricos y redes de comunicación fijas de alta capacidad. Todos estos factores afectan de forma negativa el interés comercial para la expansión de las redes móviles en estas ubicaciones. Sin embargo, el sector público, y los gobiernos nacionales sobre todo, pueden colaborar alineando las políticas clave en torno a un enfoque en las mejores prácticas de asignación del espectro y precios, compartición de la infraestructura, impuestos específicos para el sector, acceso a la infraestructura pública, condiciones de licencia y estructura del mercado.

Contenido local relevante. En muchos países en desarrollo, existe una falta de contenidos capaces de hacer que Internet móvil sea relevante para el público local. Los gobiernos deben desempeñar un papel crucial para abordar esto. Por ejemplo, pueden invertir y respaldar infraestructuras clave que permitan el desarrollo, tales como banda ancha internacional asequible y plataformas que alojen contenido local, así como también propiciar un entorno de creación de políticas progresivas que apoyen a los emprendedores digitales y la innovación. Asimismo, al garantizar que los servicios gubernamentales sean accesibles en línea o por un medio móvil, no solo pueden mejorar la eficacia de la prestación de esos servicios, sino que también pueden crear iniciativas para que los ciudadanos utilicen Internet.

Recursos:
Informe GSMA: Digital Inclusion and Mobile Sector Taxation (Inclusión digital y fiscalidad en el sector móvil), 2015
Informe GSMA: Digital Inclusion and Mobile Sector Taxation in Mexico (Inclusión digital e impuestos en el sector móvil en México)
Informe GSMA: Mobile Internet Usage Challenges in Asia — Awareness, Literacy and Local Content (Desafíos para el uso de Internet móvil en Asia: conocimientos, educación y contenidos locales)
Informe GSMA: Rural Coverage — Strategies for Sustainability (Cobertura rural: estrategias para la sostenibilidad)
Informe GSMA: Benefits of Network Competition and Complementary Policies to Promote Mobile Broadband Coverage (Beneficios de la competencia en las redes y de las políticas complementarias para promover la cobertura de banda ancha móvil)
Informe GSMA: Unlocking Rural Coverage — Enablers for commercially sustainable mobile network expansion (Desbloquear la cobertura rural: facilitadores para la expansión de redes móviles sostenibles comercialmente)
Sitio web del Mobile Internet Skills Training Toolkit (Kit de herramientas de capacitación para el uso de Internet móvil) de la GSMA

Identidad digital

Antecedentes

La capacidad de demostrar que uno es quien dice ser y poder autentificar esta información con el Estado o empresas privadas es esencial para acceder a servicios básicos, como los servicios de atención médica, la educación y el empleo, así como para ejercer el derecho de voto o beneficiarse de servicios financieros. Sin embargo, el Banco Mundial estima que al menos mil millones de personas en países en desarrollo no tienen ningún tipo de documento de identificación reconocido oficialmente, ni en formato electrónico ni en papel. Este problema afecta de manera desproporcionada a la población rural, a las personas de escasos recursos, mujeres, niños y otros grupos vulnerables de África y Asia.

Esta «laguna de identidad» es tanto un síntoma de desarrollo económico lento, como un factor que hace que el desarrollo sea más difícil y menos inclusivo. El problema es especialmente acuciante en lo que respecta al registro de nacimientos, donde las cifras de UNICEF muestran que uno de cada tres niños no cuenta con una identidad legal porque su nacimiento no ha sido registrado. Los estudios del Banco Mundial en el África Subsahariana indican que más de la mitad de la población carece de una identidad oficial, a pesar de que más de dos terceras partes de los residentes en la región cuentan con un teléfono móvil. Estas cifras resaltan el potencial transformador de la tecnología móvil para eliminar esta «laguna de identidad» y acelerar un impacto socioeconómico más grande en los mercados emergentes.

Objetivos del programa

La comunidad internacional ha reconocido la 'laguna de identidad' como un obstáculo crítico en el camino para lograr un desarrollo económico y social sostenible e inclusivo. Esto se ve reflejado formalmente tanto en la Convención de los Derechos de los Niños como en los Objetivos de Desarrollo Sostenible de las Naciones Unidas. En ellos se señala la falta de registro de los nacimientos como una barrera para otorgar una prueba de identidad legal u oficial. Los países en donde un gran porcentaje de la población no tiene una identificación oficial tienen la oportunidad de evitar los enfoques engorrosos y obsoletos para el otorgamiento de documentos de identidad y crear en cambio nuevos ecosistemas de identidad basados en tecnología digital innovadora. Los países que ya han adoptado sistemas de identidad digitales muestran claramente cómo estos sistemas no solo proporcionan mejoras en la eficacia y el ahorro financiero, sino que también aumentan la inclusión social al facilitar el acceso a servicios y derechos básicos para los ciudadanos.

En la medida que más servicios y transacciones tienen lugar en el mundo digital, la identidad digital será cada vez más importante para la participación y la inclusión. El programa Identidad digital de la GSMA trabaja junto a operadores móviles, gobiernos y la comunidad de desarrollo para mostrar las oportunidades y el valor de la tecnología móvil como una plataforma escalable y confiable que permite la creación de soluciones de identidad digital sólidas para las poblaciones menos favorecidas, lo que conduciría a una mayor inclusión económica, política y social.

Consideraciones sobre políticas públicas

Cuando los nacimientos no se registran a nivel nacional, o cuando hay personas sin documentación oficial, existe la posibilidad de que millones de ciudadanos no puedan acceder a los servicios gubernamentales, bancarios y a otros servicios importantes o básicos. Cuando los niños nacen en un mundo cada vez más conectado y el uso de los dispositivos móviles crece de forma rápida en los países en desarrollo, tiene sentido que los gobiernos fomenten el uso de soluciones innovadoras y escalables que proporcionen una identidad y autentificación digital fiable a sus ciudadanos. Las plataformas de identidad móvil pueden ayudar a los gobiernos a lograr este objetivo y acelerar el avance de los servicios públicos digitales tanto en los países desarrollados como en los países en desarrollo.

No obstante, se debe establecer un entorno regulatorio que permita que la tecnología móvil proporcione una identidad y autentificación formales a más de mil millones de personas que actualmente no están registradas, fomentando así la inclusión social, política y económica. Para ayudar a crear el entorno adecuado, los gobiernos deben asegurarse de que exista una consistencia entre los diferentes instrumentos legales y regulatorios que afectan a la identidad digital, y que trabajen para eliminar cualquier barrera jurídica, política y regulatoria que pueda suponer obstáculos para el desarrollo de los servicios de identidad móvil.

Los gobiernos también tienen la responsabilidad de fomentar y ayudar a crear un entorno de confianza para el correcto funcionamiento de la identidad móvil. La creación de un plan de identidad digital que reconozca el papel básico de la tecnología móvil en el entorno digital puede ser de ayuda en esta situación, aunque los gobiernos también deberían colaborar con los operadores móviles y el resto de los actores interesados en el ecosistema de la identidad para ayudar a fomentar la interoperabilidad y la innovación.

Los principios emergentes para un ecosistema de identidad digital sólido incluyen:

- La cobertura y disponibilidad universal (incluida la accesibilidad para todos).
- Un diseño apropiado y efectivo que tenga en cuenta la interoperabilidad y la sostenibilidad.
- La necesidad de crear y mantener la confianza al garantizar la protección de la privacidad y los datos personales, y ofrecer a los consumidores supervisión y control de sus datos.

Recursos:
Sitio web del programa Identidad digital de la GSMA
Informe GSMA: Digital Identity — Towards Shared Principles for Public and Private Sector Cooperation (Identidad digital: hacia principios compartidos para una cooperación del sector privado y público)
Sitio web para el registro obligatorio de tarjetas SIM de prepago de la GSMA
Sitio web de Datos personales de la GSMA
Sitios web de Mobile Connect de la GSMA
Estudio de caso GSMA: Registro de nacimientos a través de dispositivos móviles en el África Subsahariana
Estudio de caso GSMA: Registro de nacimientos en Tanzania
Documento técnico de GSMA: Mobile Identity — Unlocking the Potential of the Digital Economy (Identidad móvil: desbloquear el potencial de la economía digital)

Respuesta ante desastres

Antecedentes

Las redes móviles, y la conectividad que proporcionan, se consideran cada vez más como una línea de vida en situaciones de catástrofes gracias a su capacidad para permitir establecer una comunicación básica entre agencias humanitarias, las poblaciones afectadas y la comunidad internacional.

La capacidad de las comunicaciones móviles quedó demostrada tras el terremoto de Haití de 2010, donde se vió una proliferación de nuevas estrategias de coordinación y respuesta basadas en las plataformas móviles.

Desde entonces, experiencias en Filipinas con el tifón Haiyan, la crisis del ébola en África Occidental y los terremotos de Nepal e Italia han seguido ofreciendo ejemplos de la gran importancia del acceso a la comunicación y a la información para las poblaciones afectadas por este tipo de catástrofes y crisis.

A medida que sigue creciendo el papel de la tecnología móvil a la hora de estar preparados para poder responder ante este tipo de catástrofes, y debido a la mayor complejidad del ecosistema, existe la necesidad de conocer mejor cómo pueden las comunicaciones móviles globales permitir un acceso continuado a la comunicación y a la información cuando se produce una catástrofe.

Objetivos del programa

El programa de Respuesta ante desastres de la GSMA está trabajando con los operadores móviles para definir cómo se puede mejorar la preparación y la resistencia de la red antes de que se produzca un desastre y para ayudar a los ciudadanos afectados y a las organizaciones humanitarias en caso de crisis.

A través de la investigación y el compromiso con las partes interesadas de los sectores móvil y humanitario, la GSMA se esfuerza para establecer y compartir prácticas recomendadas y para crear un mecanismo de respuesta ante desastres robusto y coordinado en el sector móvil.

Este trabajo ha culminado en la Carta de Conectividad Humanitaria, presentada a principios de 2015. La Carta representa un conjunto de actividades y principios compartidos que se centran en reforzar el acceso a la comunicación y a la información para las personas afectadas por una crisis con el objetivo de reducir el número de pérdidas de vidas humanas y de contribuir de forma positiva a la respuesta humanitaria.

Los operadores móviles que han firmado la Carta representan actualmente a suscriptores en más de 75 países.

Consideraciones sobre políticas públicas

La GSMA ha desarrollado un conjunto de recomendaciones que los gobiernos, organismos reguladores y operadores móviles deberían seguir en tiempos de crisis.

Los elementos clave de estas recomendaciones son:

- Los gobiernos, junto con las agencias multilaterales correspondientes, y los operadores deberían acordar una serie de directrices regulatorias que puedan ser adoptadas para obtener la mejor respuesta y recuperación posibles en el caso de que se produzca una situación de emergencia.
- Las directrices deberían establecer normas claras y líneas bien definidas de comunicación entre todos los niveles de gobiernos y operadores en situaciones de emergencia.
- También, deberían proporcionar a los operadores la flexibilidad necesaria para ajustarse a circunstancias imprevistas en lugar de insistir en la aplicación de normas diseñadas para situaciones que no son de emergencia en cualquier circunstancia.
- Asimismo, deberían ayudar a mejorar la comunicación y la coordinación entre las diferentes entidades gubernamentales implicadas en dar respuesta a una situación de emergencia y facilitar una respuesta oportuna y eficaz.

Recursos:

Sitio web de Respuesta ante desastres de la GSMA

Sitio web de la Carta de Conectividad Humanitaria de la GSMA

Informe GSMA: Business Continuity Management — Planning for disaster resilience in mobile networks (Gestión de continuidad empresarial: planificación para la recuperación ante desastres en redes móviles)

Informe GSMA: Partnership Guidelines — Building effective partnerships between MNOs and NGOs in complex environments and crises (Directrices para la asociación: creación de asociaciones efectivas entre los operadores de redes móviles y las ONG en entornos complejos y situaciones de crisis)

Informe GSMA: Nepal Earthquake Response and Recovery Overview (Respuesta ante el terremoto de Nepal y resumen de la recuperación)

Estudio de caso GSMA: DEWN — Dialog's Disaster and Emergency Warning Network (DEWN: diálogo acerca de la Red de aviso para desastres y situaciones de emergencia)

Informe GSMA: Disaster Response — Mobile Money for the Displaced (Respuesta ante desastres: dinero móvil para desplazados)

Estudio de caso GSMA: Business As Usual — How AT&T deals with Natural Disasters (Actividad normal: cómo AT&T aborda situaciones de catástrofes naturales)

Directrices de la GSMA: La protección de la privacidad en el uso de los datos de los teléfonos celulares para dar respuesta a la propagación del ébola

Acelerador del Ecosistema (Ecosystem Accelerator)

Antecedentes

La ubicuidad y la accesibilidad de la tecnología móvil han ayudado a que ésta trascienda geografías, culturas y niveles de ingresos para impulsar la innovación. En muchos mercados en desarrollo, la tecnología móvil es la única infraestructura confiable y cuando se usa de maneras innovadoras realmente tiene el poder de transformar vidas.

No sorprende que surjan cada vez más empresas innovadoras en los mercados en desarrollo. Sin embargo, de acuerdo a Disrupt Africa, las empresas de tecnología en África solo lograron recaudar $185 millones en fondos durante el 2015, y la mayor parte (el 70 por ciento) fue en Sudáfrica, Nigeria y Kenia.

Muchas de estas empresas incipientes se centran en productos y servicios móviles y suelen tener ideas audaces, prácticas de trabajo ágiles y un gran entendimiento de su base de clientes. Aun así, con frecuencia se enfrentan al desafío de atraer los recursos necesarios para lograr sostenibilidad comercial y escala.

Por otro lado, los operadores móviles cuentan con importantes activos (bases con millones de clientes, grandes redes de distribución y un gran nivel de experiencia técnica y de comercialización); sin embargo, debido a su tamaño, muchas veces no son lo suficientemente rápidos para aportar ideas innovadoras al mercado y suelen tener problemas para encontrar nuevas fuentes de ingresos.

Si ambas partes pueden unirse, es posible obtener muchos beneficios mutuos: las nuevas empresas podrían ser una gran fuente de innovación local y constituir nuevas fuentes de ingresos para los operadores, al mismo tiempo que estos pueden proporcionar la credibilidad, el respaldo y la experiencia adicional que las empresas nuevas a menudo no tienen. A su vez, los usuarios finales se beneficiarían del impacto socioeconómico positivo generado por este ecosistema.

Objetivos del programa

El programa Acelerador del ecosistema de la GSMA trabaja para eliminar la brecha entre los operadores móviles y las empresas nuevas.

Al abrir el diálogo entre los innovadores y los operadores, el programa ayuda a los operadores a aportar sus activos y experiencia a las ideas más prometedoras. A su vez, esto ayuda a las empresas nuevas a asegurarse de tener los fondos y la dirección que necesitan para alcanzar una mayor escala con sus productos y servicios. Al promover estas asociaciones, el programa Acelerador del ecosistema busca acercar las soluciones móviles de mayor impacto a las personas y los lugares que más las necesitan, generando así un impacto socioeconómico de mayor alcance a nivel local.

A fin de cuentas, lo que marca la diferencia más grande es la forma en que los seres humanos, con nuestro gran acervo de ingenio, utilizamos el poder de la tecnología y las herramientas.

— Bill Gates, copresidente de Bill and Melinda Gates Foundation

La GSMA también ha introducido el Fondo de Innovación para el programa Acelerador del ecosistema. Este fondo respaldará a las nuevas empresas innovadoras de los mercados emergentes. Además, también estará abierto a empresas nuevas de África y Asia que tengan actividad dentro de estas regiones. El Fondo (y todo el programa en conjunto) está respaldado por el Departamento de Desarrollo Internacional del Reino Unido (DFID) y por la GSMA y sus miembros.

El Fondo trabajará en varias etapas entre el 2016 y el 2020, y cada etapa tendrá áreas de enfoque específicas. Por ejemplo, en la primera etapa (a fines de 2016) se desembolsaron aproximadamente £2 millones. El fondo estaba abierto a empresas nuevas que se enfocaran en la «economía compartida» y a aquellos que desarrollaran servicios para pequeñas y medianas empresas.

Consideraciones sobre políticas públicas

Las ideas innovadoras y las prácticas de trabajo ágiles que las nuevas empresas traen al mercado, suponen por lo general un gran impacto sobre las economías y las sociedades. Esto ya puede observarse en el efecto transformador que la nueva «economía colaborativa» está teniendo sobre los patrones de consumo y las comunidades de todo el mundo.

Como resultado, los gobiernos ahora tienen la responsabilidad de poner en práctica políticas que ayuden a las nuevas empresas a actuar y moverse con rapidez. Por ejemplo, los gobiernos pueden ayudar eliminando las barreras burocráticas, mejorando el acceso al capital y promoviendo una cultura de innovación en la que asumir riesgos no sea castigado.

Los gobiernos también pueden causar un impacto al tener mayor participación y dar respaldo a los centros tecnológicos, teniendo en cuenta el potencial que tienen para crear nuevos trabajos y desarrollar soluciones que resuelven desafíos sociales y captan la atención de los jóvenes. Promover las inversiones en nuevas empresas locales también ayuda a ampliar la variedad disponible de contenidos y servicios relevantes para el público local. Esto puede ayudar a impulsar el consumo de Internet y servicios digitales entre la población general. Las organizaciones multilaterales y no gubernamentales también desempeñan un papel importante en el entorno de la innovación tecnológica emergente, especialmente al proporcionar apoyo técnico y una plataforma para la colaboración.

Las partes interesadas del ecosistema de las nuevas empresas, también necesitan colaborar para asegurar que las nuevas soluciones móviles logren mayor escala y sostenibilidad. Por ejemplo, los operadores móviles pueden ayudar abriendo Interfaces de Programación de Aplicaciones (API) a terceros desarrolladores y nuevas empresas para fomentar aún más la innovación en el ecosistema móvil.

Recursos:
Video GSMA: Programa Acelerador del ecosistema
Sitio web del Fondo de Innovación para el programa Acelerador del ecosistema de la GSMA
Informe GSMA: APIs — A bridge between mobile operators and start-ups in emerging markets (Las API: un puente entre los operadores móviles y las nuevas empresas de los mercados emergentes)
Novedades de la GSMA: Blog sobre el programa Acelerador del ecosistema: algunas cuestiones que aprendimos sobre los centros tecnológicos en África y Asia

Servicios móviles para el suministro de servicios

Antecedentes

La rápida expansión de las redes GSM hacen que la tecnología móvil tenga ahora un mayor alcance que la red eléctrica, las redes de distribución de agua potable y las redes de alcantarillado en la mayoría de los mercados emergentes. Mientras que la cobertura de las redes móviles ha crecido a un ritmo del 11 por ciento anual desde el año 2000, el acceso a la energía y al agua se mantiene muy por detrás, con cifras de crecimiento anual de entre el uno y el dos por ciento. Aún resta mucho por hacer para eliminar la brecha sanitaria actual, dado que 2400 millones de personas todavía no tienen acceso a soluciones para un mejor servicio de saneamiento. El resultado es una brecha cada vez mayor entre el acceso a la tecnología móvil y el acceso al resto de servicios de suministro básicos. De hecho, en 2014, las redes móviles daban servicio a más de 772 millones de personas sin acceso a electricidad, a más de 289 millones de personas sin acceso a agua potable y a 1800 millones sin acceso a mejores servicios de saneamiento.

Esta falta de acceso a infraestructura de servicios sostenible y asequible tiene un impacto profundo en las vidas de las personas. Por ejemplo, y de acuerdo con las cifras de la ONG WaterAid, la falta de servicios de alcantarillado e higiene adecuados provoca la muerte de más de 1400 niños cada día. Y las personas más pobres que no pueden acceder a la red eléctrica en los mercados emergentes a menudo acaban utilizando fuentes de energía caras y tóxicas, como el queroseno, que se ve afectado por fluctuaciones en los precios. Como resultado de ello, una familia de clase media en Europa puede pagar menos por la energía que consume que una familia pobre de un país como Bangladesh.[1]

No obstante, aprovechando el enorme alcance de las redes móviles, así como las innovaciones en tecnologías y servicios móviles, incluida la comunicación Máquina a Máquina (M2M) y el dinero móvil, el sector está bien posicionado para ayudar a llevar los beneficios esenciales del acceso a la energía y al agua potable a una gran cantidad de personas en los mercados emergentes.

Objetivos del programa

Entre los retos que supone proporcionar un acceso universal a la energía, al agua potable y a los servicios de alcantarillado, se incluyen los costos de la distribución final, funcionamiento y mantenimiento, así como el cobro de las tarifas.

El programa Mobile for Development (M4D) de la GSMA se centra en la oportunidad que tiene el sector móvil para aprovechar la tecnología e infraestructura de redes para ayudar a solucionar estos problemas en los mercados emergentes.

El programa se creó en 2013 gracias a la financiación del Departamento de Desarrollo Internacional del gobierno del Reino Unido. También se ha desarrollado el Utilities Innovation Grant Fund de M4D, cuyo objetivo es acelerar el desarrollo de tecnologías móviles prometedoras y modelos de negocio que ayuden a mejorar el acceso a los servicios de energía, agua potable y saneamiento. A la fecha, el fondo ha otorgado 34 subvenciones a innovadores del sector de los servicios de suministro en 24 países.

Entre los objetivos clave del programa se incluyen:

- Apoyar a los beneficiarios del Fondo para la Innovación y a sus operadores móviles socios para hacer realidad sus soluciones en fase de pruebas.
- Demostrar la viabilidad comercial de la mejora del acceso a la energía y al agua mediante el uso de tecnologías móviles innovadoras.
- Impulsar aún más el interés y respaldo del sector en busca de un mayor acceso a los servicios de energía y agua a través de la tecnología móvil.

Consideraciones sobre políticas públicas

Los gobiernos deberían reconocer y apoyar el papel que pueden desarrollar las tecnologías móviles a la hora de mejorar el acceso a la energía, al agua potable y a los servicios sanitarios en los mercados emergentes. Las tecnologías móviles se están convirtiendo cada vez más en un elemento estratégico clave de los modelos que utilizan los proveedores de servicios de agua, saneamiento e higiene (WASH) y energía para fomentar el suministro del servicio.

Por ejemplo, muchos proveedores de energía y agua utilizan la tecnología móvil M2M para el suministro de sus servicios. Gracias al uso de las tecnologías M2M, se pueden controlar a distancia las bombas de agua y reparar de forma automática los fallos de desconexión, reduciendo así el tiempo de inactividad. Los gobiernos deberían asegurarse de que los niveles impositivos de las conexiones M2M sean los adecuados para fomentar este tipo de soluciones innovadoras.

Del mismo modo, algunas empresas que ofrecen kits domésticos de energía solar en los mercados emergentes se basan en el dinero móvil para conseguir que estos kits sean asequibles para las personas con bajo poder adquisitivo mediante un sistema de financiación del tipo Pago por consumo. Los gobiernos deberían asegurarse de que exista una regulación adecuada en vigencia que permita que los servicios de dinero móvil prosperen y sigan proporcionando de forma sostenible estos programas de financiación asequibles tan necesarios.

Además, en los mercados en desarrollo, la asequibilidad es un factor clave para aumentar el uso de los teléfonos móviles y los servicios asociados, como en el caso del dinero móvil. Los impuestos específicos para la tecnología móvil suponen barreras a la hora de poseer y utilizar un teléfono móvil. Los gobiernos pueden tener un papel clave, garantizando que los consumidores no tengan que afrontar impuestos superiores por sus terminales y servicios móviles en comparación con otros bienes.

[1] GSMA, Acceso sostenible a la energía y al agua a través de la conectividad M2M (2011)

Recursos:
Sitio web de Servicios móviles para el desarrollo de suministros de la GSMA
Sitio web del informe anual de Servicios móviles para el desarrollo de suministros de la GSMA 2016
Sitio web del Fondo para la Innovación en los Servicios móviles para el desarrollo de suministros de la GSMA
Sitio web del programa Sociedad conectada de la GSMA

Salud móvil

Antecedentes

Más de 400 millones de personas en el mundo no tienen acceso a atención médica básica asequible. La tecnología móvil es la solución más viable para brindar atención médica en países donde hay una gran demanda insatisfecha. Esto es porque los servicios de salud móvil (mHealth) pueden marcar una gran diferencia en lugares donde existen solo unas pocas alternativas disponibles para los usuarios finales.

A pesar de que hay un gran número de servicios de salud móvil actualmente, son pocos los que muestran un nivel de escala, replicación o impacto significativos. Un estudio de la GSMA que evaluó casi 700 servicios de salud móvil demostró que menos del uno por ciento de ellos obtuvo resultados médicos importantes. Se identificaron cuatro barreras clave: la fragmentación de la prestación de los servicios, la falta de escala en el ámbito completo de las redes móviles, una replicación limitada y falta de alineación de la propuesta de valor entre los operadores móviles y sanitarios.

El programa de salud móvil de la GSMA pretende eliminar estas barreras y, de este modo, impulsar servicios de salud móvil sostenibles comercialmente que puedan satisfacer realmente las necesidades de la salud pública.

Objetivos del programa

El programa de salud móvil de la GSMA está financiado actualmente por UK Aid y tiene como objetivo mejorar la vida de madres y niños mediante soluciones móviles que promuevan una mejora en la salud maternal y prácticas de nutrición. Tiene como objetivo asistir a un millón de madres antes de agosto de 2018 en ocho mercados: Ghana, Malawi, Mozambique, Nigeria, Ruanda, Tanzania, Uganda y Zambia. A finales de 2016 el programa ya había llegado a más de 750 000 usuarios finales en todos los mercados africanos subsaharianos.

El programa se centra en identificar los servicios de salud móvil con mayor potencial y ayudarles a alcanzar una mayor escala y nivel de adopción. Las principales áreas de interés son tres:

- **Desarrollo de productos.** La GSMA apoya a los propietarios de productos que realizan investigación orientada al usuario en sus mercados con el propósito de informar el diseño del producto, modelo de precios y propuesta de valor total de los servicios de salud móvil. Al combinar conocimientos cualitativos y basados en datos, la GSMA trabaja con los socios de servicio para apoyar la mejora de los productos y las decisiones que guían el desarrollo de los productos.

- **Desarrollo de contenidos.** Mediante acuerdos con las partes implicadas del ámbito nacional e internacional, en el área de la nutrición, el programa fomenta el desarrollo de contenidos de salud móvil disponibles al público de forma digital, específicos para cada mercado y cultura y destinados a ocho mercados subsaharianos.

- **Compromiso de la industria.** El programa colabora estrechamente con los diferentes agentes sanitarios y del sector móvil, tanto en el plano público como en el privado, para asegurarse de que los servicios no solo sean comercialmente sostenibles, sino que también proporcionen resultados médicos positivos.

Consideraciones sobre políticas públicas

Los casos de uso para las soluciones de salud móvil son variados, desde servicios móviles diseñados para teléfonos básicos hasta dispositivos médicos sofisticados con tarjetas SIM integradas que recopilan y transmiten los datos del paciente a los proveedores de atención médica. Como consecuencia, el abanico de puntos de interés regulatorio es muy amplio. Para garantizar la seguridad, fomentar la confianza de los pacientes y los profesionales de la salud y ofrecer al sector un nivel de certidumbre suficiente para introducir nuevos productos y servicios al mercado, es esencial dotar a la salud móvil de políticas y regulaciones claras.

Entre los asuntos regulatorios con un interés específico para los mercados emergentes se incluyen:

- **Consentimiento y protección de datos.** Crear confianza mediante enfoques adecuados para obtener el consentimiento para la recopilación de datos y la posterior protección de dichos datos es importante globalmente, pero sobre todo en los mercados en desarrollo. Con frecuencia, existe el miedo del estigma social en el caso de que se comparta de forma inadecuada el diagnóstico de los pacientes.
- **Sistemas e interfaces.** En los países desarrollados ha habido una proliferación de diferentes estándares y sistemas para la salud móvil, lo que a menudo ha supuesto problemas de integración. Por el contrario, la situación de los mercados emergentes supone una oportunidad única para definir estándares que promuevan la interoperabilidad y que permitan la escalabilidad de estas soluciones.

Los asuntos políticos son más aplicables globalmente, e incluyen:

- **Empoderamiento del paciente.** Desarrollo de políticas que promuevan adecuadamente la autonomía de los usuarios, lo que impulsará la adopción de la salud móvil.
- **Reembolso.** Adopción paulatina de programas de reembolso que recompensen los resultados médicos y apoyen la innovación.
- **Implementación.** Establecimiento de programas gubernamentales que eliminen los obstáculos del mercado, acumulen evidencias sobre los beneficios de la salud móvil y propicien la implementación de sistemas y servicios de salud móvil.

Recursos:

Informe GSMA: mHealth Regulation Impact Assessment — Africa (Evaluación del impacto de las regulaciones sobre la salud móvil: África)

Informe GSMA: The Use of Mobile to Drive Improved Nutrition Outcomes — Successes and Best Practices from the mHealth Industry (El uso de la tecnología móvil para mejorar los resultados en la nutrición: éxitos y mejores prácticas para el sector de la salud móvil)

Informe GSMA: Mobile for Development mHealth — SIM-based Medical Applications (Servicios de salud móvil para el desarrollo: aplicaciones médicas basadas en la tarjeta SIM)

Dinero móvil

Antecedentes

El dinero móvil ha hecho más para extender el alcance de los servicios financieros en la última década que lo que los bancos con sedes «físicas» han hecho durante el último siglo.

Esto ha sido posible porque el dinero móvil aprovecha la ubicuidad de los teléfonos móviles y la vasta cobertura de las redes de los operadores móviles y canales de distribución minoristas, para ofrecerles a los clientes una manera más segura y práctica de acceder, enviar, recibir y guardar fondos.

Como resultado, el dinero móvil ha transformado el panorama de los servicios financieros en muchos de los mercados en desarrollo, lo que a su vez ha complementado y alterado el tradicional sistema de bancos con sedes «físicas». Una de las claves para lograr este éxito ha sido la posibilidad de los operadores de utilizar grandes redes de distribución de telefonía móvil para proporcionar a sus clientes agentes de dinero móvil fácilmente accesibles que efectúan transacciones de entrada y salida de dinero en efectivo. Esto ha ayudado a que la cantidad de cuentas de clientes registrados crezca un 31 por ciento y así alcanzar un total de 411 millones de cuentas registradas a nivel mundial en el 2015.

En su carta anual del 2015, Bill y Melinda Gates mencionaron el dinero móvil como una de las cuatro soluciones clave para terminar con la pobreza extrema para el 2030. Claramente las cifras del mercado respaldan el hecho de que el dinero móvil está incrementando el nivel de inclusión financiera. En la actualidad hay servicios disponibles en el 85 por ciento de los países en los que una gran mayoría de la población no tiene acceso a una institución financiera formal, mientras que en 19 mercados existen más cuentas de dinero móvil que cuentas bancarias. Además, la industria del dinero móvil ha demostrado ser tanto sostenible como viable: al 2015, había 271 servicios en 93 países que ayudaban a transformar las vidas financieras de más de 134 millones de usuarios activos.

Objetivos del programa

Dos mil millones de personas siguen sin tener cuentas bancarias, y tampoco tienen acceso a servicios financieros seguros, confiables y asequibles. El programa Dinero móvil de la GSMA ayuda a los operadores móviles y las partes interesadas de la industria a aumentar el nivel de inclusión financiera para estas personas al mejorar la utilidad y la sostenibilidad de los servicios de dinero móvil.

El programa trabaja para desarrollar un ecosistema de dinero móvil sólido y altamente interconectado donde las transacciones de numerosos sectores (p. ej., comercio minorista, servicios públicos, salud, educación, agricultura y transporte) sean digitalizadas. Diversificar los patrones de uso de los clientes para que incluyan no solo los pagos a comerciantes, sino también transacciones como las remesas internacionales de dinero móvil y desembolsos masivos puede acelerar los efectos de las redes y ampliar el ecosistema de los pagos.

Para realmente transformar las vidas financieras de las personas menos favorecidas, el dinero móvil debe convertirse en un mecanismo de monetización central que pueda usarse para realizar una gran variedad de transacciones digitales. Al hacer que el dinero móvil sea una parte central de las vidas financieras de los usuarios, se puede alcanzar un mayor nivel de inclusión financiera, empoderamiento económico y crecimiento económico.

Consideraciones sobre políticas públicas

La regulación tiene un impacto muy importante sobre la adopción de servicios de dinero móvil. La evidencia muestra que los marcos regulatorios propicios aceleran el desarrollo y la adopción de servicios financieros digitales. En cambio, el uso de dinero móvil en países donde no hay regulaciones favorables presenta un número menor de cuentas de dinero móvil y menor actividad de agentes.

Cuando a los bancos y los proveedores no bancarios, especialmente a los operadores móviles, se les permite utilizar servicios de dinero móvil y establecer asociaciones que tienen sentido comercialmente, el dinero móvil puede ser un catalizador para el desarrollo del sector financiero al expandir significativamente la inclusión financiera a través de costos más bajos de transacción, mejor acceso en zonas rurales y mayor conveniencia para los clientes. También puede proporcionar la infraestructura necesaria para brindar una gran variedad de servicios financieros, entre los que se incluye seguros, ahorros y préstamos.

Asimismo, el dinero móvil puede ayudar a que los gobiernos logren los objetivos de sus políticas para tener sistemas de pago seguros, confiables y eficientes. También reduce la vulnerabilidad de los sistemas financieros nacionales, porque disminuye los riesgos asociados con la economía informal y el uso generalizado de dinero en efectivo. Por ejemplo, al sacar a más personas de la economía informal e incorporarlas a la economía formal, los gobiernos pueden expandir su base impositiva y aumentar su potencial para generar ingresos.

Los organismos gubernamentales también pueden beneficiarse de muchas formas al usar dinero móvil para las transacciones del gobierno con las personas (G2P) y de las personas con el gobierno (P2G). Los beneficios incluyen costos más bajos de gestión del dinero, menos riesgos de seguridad, robos de fondos mínimos y mayor transparencia, transferencias inmediatas y una eficacia operativa mejorada.

Para que el dinero móvil tenga éxito, debe establecerse un entorno de igualdad de condiciones a través de políticas y un marco regulatorio propicios que permitan a los proveedores de dinero móvil no bancarios ingresar al mercado. Los reguladores deberían:

- Aceptar reformas que les permitan a los operadores lanzar y escalar servicios de dinero móvil.
- Abstenerse de imponer un modelo técnico o comercial para lograr interoperabilidad.
- Permitir que se implementen soluciones impulsadas por el mercado en el momento adecuado para los consumidores y proveedores.

También es importante que los gobiernos se abstengan de imponer impuestos discriminatorios que apunten a clientes de dinero móvil, dado que es probable que este tipo de impuestos aumente los costos para los clientes y genere dificultades para este servicio prometedor y socialmente beneficioso.

Recursos:
Sitio web del programa Dinero móvil de la GSMA
Sitio web de la Guía sobre la regulación del dinero móvil de la GSMA
Informe GSMA: 2015 State of the Industry — Mobile Money (Estado de la industria 2015: dinero móvil)
Novedades de la GSMA: ¿Cuál es la disponibilidad de servicios de dinero móvil en 2015?

Cerrando la brecha de género: mujeres y servicios móviles

Antecedentes

Si bien la conectividad móvil ha crecido rápidamente, no ha llegado a las poblaciones de manera equitativa. En el mundo actual, cada vez más conectado, muchas mujeres son dejadas de lado. De acuerdo a un estudio realizado en 2015[1] y encargado por la GSMA, hay 200 millones menos de mujeres que disponen de un teléfono móvil respecto a los hombres en países con niveles de ingresos bajos y medios. Incluso aquellas mujeres que sí poseen un teléfono móvil tienden a utilizarlo con menos frecuencia e intensidad que los hombres, especialmente los servicios más transformadores, como Internet móvil y el dinero móvil.

Por lo general, las mujeres se ven afectadas de manera desproporcionada por las barreras que impiden el acceso y el uso de los productos y servicios móviles. Entre las barreras se incluye el costo de los terminales y servicios, la cobertura de las redes, preocupaciones acerca de la seguridad y el acoso, y la falta de educación técnica. Las normas sociales también suponen un problema y pueden retrasar o incluso impedir que una mujer pueda adquirir un teléfono móvil y los servicios asociados.

Eliminar las desigualdades de género en términos de posesión y uso de un teléfono móvil tiene el potencial de ofrecer beneficios importantes a las mujeres, a la industria móvil y la economía en general. La tecnología móvil puede ayudar a empoderar a las mujeres al mantenerlas más seguras y conectadas, a la vez que se les brinda acceso a información y oportunidades de mejora de vida, como información sanitaria, servicios financieros y oportunidades de empleo.

La brecha de género no se va a cerrar por sí sola. Sus principales causas están relacionadas con un conjunto complejo de barreras sociales, económicas y culturales. Estos obstáculos pueden superarse con una intervención claramente orientada de las partes interesadas, incluidos los encargados de formular políticas, en estrecha colaboración con toda la industria móvil. Al trabajar de manera conjunta, los líderes pueden avanzar en gran medida hacia la corrección de esta desigualdad de género apoyando los Objetivos de Desarrollo Sostenible de las Naciones Unidas (ODS), particularmente el objetivo número cinco que apunta a alcanzar la igualdad de género y empoderar a todas las mujeres y niñas.

Objetivos del programa

El programa Mujeres conectadas de la GSMA se enfoca en acelerar la inclusión digital y financiera de las mujeres. Su misión es reducir la brecha de género respecto del uso de Internet móvil y servicios de dinero móvil en países con niveles de ingresos bajos y medios y dar lugar a importantes oportunidades comerciales y socioeconómicas.

El programa trabaja con operadores móviles y sus socios para abordar las barreras que impiden que las mujeres usen estos servicios, descubrir esta importante oportunidad de mercado para la industria móvil, brindar grandes beneficios socioeconómicos y transformar la vida de las mujeres. Cuando las mujeres prosperan, las sociedades, los negocios y las economías prosperan.

Consideraciones sobre políticas públicas

Los encargados de formular políticas y los reguladores pueden adoptar muchas estrategias para asegurarse de que las mujeres no queden excluidas de los beneficios de la tecnología móvil. Por ejemplo, es importante asegurarse de contar con las políticas y regulaciones adecuadas para reducir los costos y las barreras de acceso para los clientes. Esto se puede lograr reduciendo los impuestos específicos de la tecnología móvil, apoyando el uso compartido voluntario de infraestructuras entre operadores con licencia y mediante la liberación del espectro suficiente a un costo asequible.

Además, los gobiernos pueden adoptar estrategias para aumentar las destrezas móviles y digitales mediante cambios en los planes de estudio escolares o la introducción de programas de formación. También puede ser adecuado abordar el problema del acoso a través de los teléfonos móviles e Internet móvil mediante campañas de concienciación o marcos legales y políticos.

Los datos sobre el acceso y uso de móviles por parte de las mujeres, y sobre las TIC de un modo más general, tampoco están disponibles de forma habitual ni se realiza un seguimiento de los mismos en muchos países con niveles de ingresos bajos o medios. Sin datos, los responsables de formular políticas y el sector móvil no pueden tomar decisiones informadas para ayudar a aumentar el nivel de acceso y uso de los teléfonos móviles por parte de las mujeres. Para solucionar este problema, los encargados de formular políticas públicas pueden tener en cuenta la posibilidad de realizar un seguimiento del acceso y uso de los teléfonos móviles en función del género, además del resto de las TIC, en bases de datos estadísticas nacionales.

Las mujeres también están insuficientemente representadas en el sector de la tecnología como empleadas y líderes. Esto es importante, ya que el sector tecnológico es un campo de elevado crecimiento e importante para la innovación de los países, su capacidad de conexión y competitividad en los mercados globales. Actualmente, las mujeres suponen el 40 por ciento de la mano de obra mundial y representan más de la mitad de los títulos universitarios, y sin embargo, solo un 3–5 % de los puestos de responsabilidad en el sector de la tecnología son ocupados por mujeres.[2]

El desarrollo y respaldo de políticas o programas para solucionar esta menor representación es importante, ya que tiene un costo económico mensurable. Por ejemplo, de acuerdo con un estudio de la Comisión Europea de 2013 sobre las mujeres en las TIC, las organizaciones que cuentan con mujeres en los puestos más relevantes generan un 35 por ciento más de valor, mientras que el empleo femenino total supone un impulso económico de 9000 millones de euros.

1 Programa Mujeres conectadas de la GSMA. Bridging the gender gap: Mobile access and usage in low- and middle-income countries (Eliminación de la brecha de género: acceso y uso de los teléfonos móviles en países con niveles de ingresos bajos y medios) (2015)

2 MacLeod Consulting, «Implications of the ICT Skills Gap for the Mobile Industry» (Implicaciones de la brecha en las destrezas para las TIC para el sector móvil) (2013)

Recursos:
Sitio web del programa Mujeres conectadas de la GSMA
Informe GSMA: Bridging the gender gap — Mobile access and use in low- and middle-income countries (Eliminación de la brecha de género: acceso y uso de los teléfonos móviles en países con niveles de ingresos bajos y medios)
Informe GSMA: Accelerating digital literacy — Empowering women to use the mobile internet (Cómo acelerar la educación digital: ayudar a las mujeres a usar Internet móvil)
Informe GSMA: Accelerating the digital economy — Gender diversity in the telecommunications sector (Cómo acelerar la economía digital: la diversidad de género en el sector de las telecomunicaciones)

Iniciativas móviles

La innovación y las inversiones por parte del sector móvil siguen teniendo un gran impacto en las vidas de miles de millones de personas en todo el mundo. La tecnología móvil no solo ofrece conectividad, sino que también permite el acceso a una cantidad cada vez mayor de servicios a través de los dispositivos móviles.

Actualmente, hay 4700 millones de suscriptores móviles únicos en todo el mundo, lo que equivale al 63 por ciento de la población mundial. Para el 2020, casi tres cuartos de la población mundial tendrá una suscripción móvil. Se estima que se incorporarán mil millones de nuevos suscriptores durante este período.

La GSMA lidera varios programas en áreas de crecimiento clave que presentan importantes beneficios para los consumidores y claras oportunidades para los operadores móviles. Desde apoyar el desarrollo de soluciones de identidad móvil hasta ayudar a los operadores a migrar a un entorno de redes exclusivamente IP, estas iniciativas están sentando las bases de un mundo cada vez más conectado y móvil.

Cada una de las siguientes iniciativas tiene sus propias consideraciones relativas a las políticas públicas y se relaciona con una o varias de las áreas de políticas públicas presentadas en este manual.

Redes futuras

La importancia estratégica del Protocolo de Internet (IP) para las futuras redes móviles está clara, y abordar este futuro es vital para los operadores móviles, ya que compiten para ganar y mantener a los clientes. Pasar a una infraestructura y servicios basados totalmente en IP permite a los operadores prestar un conjunto de comunicaciones más amplio y profundo, incorporando servicios de voz, datos, video y mensajería.

Con el cada vez mayor despliegue de redes de Evolución a largo plazo (LTE), el paso a servicios de comunicaciones interconectadas IP, como Voz sobre LTE (VoLTE), video sobre LTE (ViLTE) y Servicios de comunicación enriquecidos (RCS) se está acelerando.

A través de su programa Red 2020, la GSMA está trabajando junto a los operadores y proveedores de equipos líderes para acelerar el lanzamiento de servicios basados en IP en todo el mundo.

El sector móvil también está estableciendo la base para la transición a la tecnología de quinta generación (5G). Tomando como base los logros del 4G, las futuras redes 5G ayudarán al sector móvil a aprovechar la enorme oportunidad que supone el Internet de las cosas (IoT), abriendo la puerta a una banda ancha móvil aún más rápida y preparando el camino para los servicios de latencia ultrabaja extremadamente confiables, que pueden incluir fascinantes tecnologías como Internet táctil, realidad aumentada y vehículos sin conductor.

5G — El camino hacia la siguiente generación

Antecedentes

Las telecomunicaciones móviles han tenido un impacto espectacular en la sociedad. Desde los primeros días de la primera generación de teléfonos analógicos, cada salto generacional posterior ha aportado enormes beneficios a las sociedades de todo el mundo y ha fomentado la digitalización de más y más segmentos de la economía global. La industria móvil se prepara ahora para embarcarse en la transición hacia la tecnología de quinta generación (5G), que se basará en los logros del 4G, al mismo tiempo que creará nuevas oportunidades de innovación.

Diferentes grupos industriales, de investigación, académicos y gubernamentales de todo el mundo están trabajando para definir la tecnología de las redes 5G. La tecnología móvil de la siguiente generación deberá ofrecer un mayor rendimiento, tiempos de latencia menores y una mayor eficiencia del espectro.

Entre ahora y el año 2020, que es cuando se espera que el 5G esté disponible comercialmente, la industria móvil seguirá avanzando para alcanzar esos objetivos mediante la evolución de las redes 4G existentes. A pesar de estas mejoras en el 4G, aún existe la necesidad de que el 5G de respuesta a las exigencias de futuros servicios y plataformas.

Actualmente, son tres las áreas principales de interés para el desarrollo y la innovación con el 5G:

La Internet de las cosas (IoT). Existe la necesidad de que el 5G aproveche la enorme oportunidad presentada por la IoT. Estimaciones conservadoras sugieren que para el año 2025, el número de dispositivos de IoT será más del doble que los dispositivos de comunicación personal. A medida que crece el ecosistema, se espera que la industria móvil permita la prestación de servicios personalizados y que desarrolle una generación de servicios que no son viables con las redes 4G.

Banda ancha móvil. Con cada salto generacional en la tecnología móvil, hay una progresión natural hacia una banda ancha más rápida y de mayor capacidad. Los servicios de banda ancha móvil que utilizará la tecnología 5G deberán dar respuesta y superar las expectativas de los clientes en relación a un acceso más rápido y fiable.

Servicios de latencia ultrabaja extremadamente confiables. Una velocidad superior, gran confiabilidad y menores tiempos de latencia harán que las redes 5G fomenten nuevos servicios no compatibles con las redes 4G actuales. Algunos de los servicios que se están estudiando incluirían Internet táctil, realidad virtual/aumentada, vehículos sin conductor y automatización de las fábricas.

La GSMA tiene como objetivo mantener un papel importante a la hora de dar forma al desarrollo estratégico, comercial y regulatorio del ecosistema 5G. Esto incluirá áreas como la definición de las interconexiones en 5G, así como la identificación y alineación de bandas de espectro adecuadas. Una vez que se alcance una definición estable de las redes 5G, la GSMA trabajará junto con sus miembros para identificar y desarrollar aplicaciones 5G comercialmente viables.

Consideraciones sobre políticas públicas

La GSMA considera las redes 5G como un conjunto de requisitos para redes móviles futuras que podría mejorar de forma significativa la prestación de servicios móviles y permitir un gran número de nuevas aplicaciones. La industria móvil, las instituciones académicas y los gobiernos nacionales están investigando actualmente qué tecnologías se podrían utilizar en las redes 5G y los tipos de aplicaciones que podrían y deberían soportar. La velocidad y alcance de los servicios 5G dependerá en gran medida del acceso a la cantidad y tipo adecuados de espectro.

Se necesitará nuevo espectro adicional para que los servicios 5G puedan ofrecer capacidades mejoradas, incluidos nuevos escenarios de uso. Para asegurarse de que los servicios 5G proporcionen una cobertura adecuada que llegue más allá de pequeños nodos de conexión urbanos, será importante asegurarse de que haya suficiente espectro disponible para este objetivo importante (por ejemplo, espectro por debajo de 1 GHz). El reacondicionamiento progresivo de las bandas móviles actuales debería ser permitido y posible, para acomodar el futuro uso de las redes 5G, además de maximizar la eficiencia del uso del espectro.

La GSMA cree que existen tres intervalos de frecuencia que deben ser tenidos en cuenta para los diferentes escenarios de despliegue de las redes 5G: por debajo de 1 GHz, entre 1 y 6 GHz, y por encima de 6 GHz. La asignación exclusiva de licencias sigue siendo el método principal y preferente para la gestión del espectro de la banda ancha móvil para garantizar la calidad del servicio y la inversión en las redes. No obstante, el régimen de asignación de licencias en las bandas de frecuencia superior, como por encima de los 6 GHz, podría ser más variado que en generaciones de tecnologías móviles anteriores para adecuarse a un sistema más flexible de infraestructuras compartidas.

Recursos:

Informe GSMA: Understanding 5G — Perspectives on future technological advancements in mobile (Comprender las redes 5G: perspectivas sobre los avances tecnológicos futuros en el sector móvil)

Posición de la GSMA ante las políticas públicas: Espectro para las redes 5G

Servicios de comunicación IP

Antecedentes

Las comunicaciones IP son cada vez más reconocidas como una evolución natural de los servicios móviles más importantes, por lo que será un requisito básico a la hora de hacer negocios en el futuro dentro de este sector. El Subsistema Multimedia IP (IMS) ha surgido como el sistema técnico preferido para la transferencia de servicios centrales de los operadores móviles a un entorno totalmente basado en IP debido a su flexibilidad, rentabilidad y el soporte de los servicios IP para cualquier medio de acceso. Más de 500 operadores de redes móviles del mundo ya han lanzado redes de Evolución a largo plazo (LTE) y la cobertura LTE supera ya a más de la mitad de la población mundial, por lo que ahora la industria se encuentra en una posición realista para hacer realidad la idea de una red de comunicaciones IP interconectada de alcance mundial. Las comunicaciones IP incluyen Voz sobre LTE (VoLTE), video sobre LTE (ViLTE), Voz sobre WiFi (VoWiFi) y Servicios de comunicación enriquecidos (RCS).

- **VoLTE.** VoLTE ofrece una senda de evolución desde los servicios de voz con conmutación de circuitos 2G y 3G a servicios de voz con conmutación de paquetes enteramente basados en IP, e incluye una gama de funciones mejoradas para los clientes, como el audio de alta definición y tiempos de conexión de llamada más cortos. En septiembre de 2016, había 82 servicios VoLTE disponibles comercialmente en 46 países.

- **ViLTE.** ViLTE permitirá a los operadores desplegar un servicio de videollamadas comercialmente viable, de tipo operador y de persona a persona. Al igual que VoLTE, se basa en la tecnología IMS.

- **VoWiFi.** VoWiFi permite que los operadores ofrezcan servicios de llamadas de voz seguras sobre WiFi. En septiembre de 2016, había 35 servicios VoWiFi disponibles comercialmente en 21 países.

- **RCS.** Los RCS marcan la transición de la mensajería con tecnología de circuitos conmutados a un mundo basado enteramente en IP, aprovechando las mismas funciones del IMS que VoLTE y ViLTE. Los RCS incorporan mensajería, video compartido y archivos compartidos, mejorando la experiencia de comunicación de los consumidores. En septiembre de 2016, 48 operadores móviles de 35 países ofrecían RCS.

A través de su programa Red 2020, la GSMA está trabajando junto a los operadores y proveedores de equipos líderes para acelerar el lanzamiento de servicios basados en IP en todo el mundo. El trabajo del programa Red 2020 cubre el desarrollo de especificaciones, ayuda a los operadores con los preparativos técnicos y comerciales para el lanzamiento de los servicios y resuelve las barreras técnicas y logísticas para la interconexión.

Consideraciones sobre políticas públicas

Para hacer posible el crecimiento exponencial del tráfico IP se requieren inversiones a gran escala en la capacidad de red. El financiamiento de dichas inversiones depende de la previsibilidad y un entorno regulatorio estable. Donde ese entorno existe, las capacidades de las comunicaciones futuras impulsadas por los operadores pueden alinearse bien con los requisitos regulatorios relacionados con las telecomunicaciones móviles, y los operadores de redes móviles cuentan con los sistemas para garantizar el cumplimiento normativo.

Estándares abiertos. VoLTE, ViLTE, VoWiFi y RCS cuentan con especificaciones aprobadas, mediante un proceso de colaboración del sector, como estándares abiertos de la industria para servicios de llamadas, mensajería, archivos y videos compartidos basados en IP, normalmente basados en la tecnología IMS.

Interconexión. VoLTE, ViLTE, VoWiFi y RCS permiten la interconexión de estos servicios entre clientes de dos redes móviles diferentes.

Interceptación legal. Los operadores de redes móviles están sujetos a una serie de leyes y términos de licencia que los obliga a ser capaces de interceptar las comunicaciones de los clientes (y a veces también retener ciertos datos como la hora y el contenido de la comunicación, así como también la ubicación, los números o las direcciones IP de los participantes) para revelar esta información a los organismos de seguridad cuando los soliciten. Las especificaciones para comunicaciones IP se están desarrollando para que puedan soportar las capacidades necesarias para cumplir con las obligaciones legales de intercepción.

Recursos:
Informe GSMA: Building the case for an IP-communications future (A la búsqueda de argumentos para un futuro de comunicaciones IP)
Sitio web de Guía para empresas enteramente basadas en IP de la GSMA
Informe de Greenwich Consulting: The Value of Reach in an IP World (El valor del alcance en un mundo IP)

El servicio de Voz sobre el protocolo LTE (VoLTE)

Antecedentes

Los consumidores esperan disponer de servicios de voz de máxima calidad de los operadores móviles, sea cual sea el tipo de tecnología utilizado.

Desde la introducción de las tecnologías móviles digitales a principios de los años 90, los servicios de voz móvil de tipo operador se han suministrado a través de la capacidad de conmutación de circuitos de las redes 2G y 3G.

Para mantener el ritmo de una demanda cada vez mayor, los operadores móviles están ahora actualizando sus redes utilizando un estándar tecnológico basado en IP de cuarta generación denominado Evolución a largo plazo (LTE). Las redes LTE incorporan una nueva capacidad de voz de tipo operador denominada Voz sobre LTE (VoLTE) que ofrece una evolución respecto a los servicios de voz de conmutación de circuitos de las redes 2G y 3G. VoLTE incluye una gama de funciones mejoradas para los clientes, como el audio de alta definición y tiempos de conexión de llamada más cortos.

Algunos operadores ya cuentan con redes LTE que ofrecen una cobertura nacional completa y utilizan VoLTE para las llamadas de voz. Otros operadores siguen teniendo solamente una cobertura de redes LTE parcial.

En la mayoría de los mercados, se necesitarán algunos años para sustituir las redes 2G y 3G, y para realizar la migración de todos los clientes a las redes y servicios basados en el protocolo LTE. Para los servicios de voz, la transición se ve facilitada por el hecho de que VoLTE se ha diseñado para permitir el traspaso de las llamadas hacia y desde la redes 2G y 3G.

VoLTE cuenta con varias características que la distinguen de los servicios de voz basados en Internet. Entre ellas se incluyen la calidad y fiabilidad de llamadas de tipo operador y la interconexión universal con otros servicios de voz «controlados por operadoras» en todo el mundo. Por el contrario, la calidad del servicio de la mayoría de los servicios de voz basados en Internet no se controla y pueden estar limitados a grupos de usuarios cerrados.

En algunas jurisdicciones, la interconexión de los servicios móviles de voz de tipo operador no está regulada y se lleva a cabo de acuerdo con lo establecido en diferentes acuerdos comerciales. En otras jurisdicciones, se aplican tasas de terminación para las llamadas móviles. Estas tasas suelen utilizar un mecanismo de cobro basado en tiempo y sus niveles se establecen utilizando una serie de diferentes metodologías orientadas hacia el costo.

Consideraciones sobre políticas públicas

El servicio de Voz sobre el protocolo de evolución a largo plazo (VoLTE) es un servicio móvil de voz de tipo operador, que es diferente del resto de servicios de voz basados en Internet.

Los servicios móviles de voz de tipo operador tienen una serie de características específicas. Por ejemplo, el uso de los números de los teléfonos móviles de los planes de numeración nacionales permite a los clientes realizar o recibir llamadas hacia y desde cualquier número de teléfono del mundo. Los servicios móviles de voz de tipo operador también usan su capacidad de red exclusiva (conocida técnicamente como portadoras) para garantizar la calidad y la fiabilidad de un servicio completo.

VoLTE es una evolución de los servicios móviles de voz de tipo operador que tradicionalmente se han ofrecido usando las capacidades de conmutación de circuitos de las redes 2G y 3G. Por lo tanto, los reguladores no deberían aplicar regulaciones adicionales o específicas a estos servicios.

En los mercados en los que la terminación de llamada móvil de voz está sometida a control regulatorio, se debería adoptar el mismo enfoque para VoLTE, con una única tasa aplicada a la terminación de llamada de voz para 2G, 3G y 4G/LTE.

Recursos:
Red 2020 de la GSM: sitio web de Voz sobre LTE
Revista ECN: VoLTE — What makes voice over IP «carrier-grade»? (VoLTE: ¿cómo conseguir que la voz sobre IP tenga «calidad de operador»?)

Internet de las cosas (IoT)

Se espera que el Internet de las cosas (IoT) tenga un impacto enorme en nuestras vidas diarias, ayudándonos a reducir la congestión del tráfico, mejorar la atención a los mayores, crear casas y oficinas inteligentes, aumentar la eficiencia en las plantas de producción, etc.

La IoT implica la conexión de dispositivos a Internet a través de diferentes redes para permitirles su comunicación con nosotros, con aplicaciones y entre ellos. Añadirá inteligencia a los dispositivos que utilizamos a diario y eso supondrá un impacto positivo, tanto para la economía como para la sociedad en su conjunto.

Esperamos ver un rápido crecimiento en IoT durante los próximos años. De acuerdo a GSMA Intelligence, se espera que el número de conexiones celulares máquina a máquina (M2M) casi alcance la cifra de mil millones antes de 2020. No obstante, esto aún representará una pequeña parte del mercado global de acuerdo a las predicciones de Juniper Research, que indican que el número total de dispositivos IoT crecerá hasta los 38 500 millones para el año 2020.

La GSMA, a través de su programa Vida conectada, fomenta el desarrollo del novedoso ecosistema de IoT con su trabajo para la definición de estándares para el sector, la promoción de la interoperabilidad y el ejercicio de su influencia sobre los gobiernos para que creen un entorno de apoyo que acelere el crecimiento del IoT globalmente.

Fomento del crecimiento de IoT

Antecedentes

El Internet de las Cosas (IoT) promete ofrecer un gran número de beneficios para los ciudadanos, consumidores, empresas y gobiernos. El IoT, que hace referencia a máquinas, dispositivos y electrodomésticos de todo tipo conectados a Internet mediante diferentes redes, tiene el enorme potencial de reducir los costos sanitarios, disminuir las emisiones de carbono, aumentar el acceso a la educación, mejorar la seguridad en el transporte y mucho más.

A través de su programa Connected Living, la GSMA tiene como objetivo acelerar el suministro de estos tipos de dispositivos y servicios conectados, y de conseguir un mundo en el que los consumidores y las empresas disfruten de nuevos servicios de calidad, conectados mediante una red móvil inteligente y segura.

El mercado del IoT ya se está desarrollando a gran velocidad. De acuerdo a las cifras de Machina Research, a finales de 2016 el número de conexiones celulares del IoT casi habrá alcanzado los 486 millones, cifra que se disparará hasta casi sobrepasar los 1200 millones en 2020. Resulta comprensible que los gobiernos y reguladores tengan cada vez más interés en cómo aprovechar los beneficios del IoT y canalizarlos hacia los ciudadanos.

No obstante, los modelos, mercados y servicios relacionados con el IoT son muy diferentes de los utilizados para los servicios de telecomunicaciones tradicionales, como la voz y la mensajería. En la mayoría de los casos, los servicios de IoT tienen un grupo de usuarios cerrado y los clientes no suelen ser los usuarios finales del servicio, sino empresas que requieren un despliegue global de las soluciones IoT. Además, los servicios IoT se caracterizan por recibir ingresos promedio por conexión bastante inferiores a los derivados de los servicios tradicionales de voz y mensajería.

Por lo tanto, si los gobiernos desean crear un entorno que apoye el IoT, deben reconocer estas diferencias a la hora de elaborar los marcos políticos y regulatorios. Esto significa que las políticas y la regulación deberían ser flexibles, equilibradas y neutrales en términos de tecnología para garantizar que fomenten los despliegues a gran escala y las inversiones.

En el 2016, la GSMA introdujo el IoT Knowledgebase, una herramienta en línea destinada a los reguladores y los encargados de formular políticas públicas, diseñada para ayudarlos a descubrir oportunidades IoT para sus países, comprender los nuevos modelos de negocios IoT y aprender sobre las políticas emergentes y las mejores prácticas regulatorias de todo el mundo.

Consideraciones sobre políticas públicas

El IoT tiene un enorme potencial de transformación económico y social, pero las tecnologías y el ecosistema que soportan el IoT aún se encuentran en sus primeras fases de desarrollo. Si los gobiernos desean aprovechar los importantes beneficios socioeconómicos que el IoT puede ofrecer, deben crear un entorno que fomente la inversión y que sea neutral en materia de tecnología, lo cual permitiría el crecimiento de este mercado.

Los gobiernos pueden lograr este objetivo creando políticas que proporcionen los incentivos adecuados para el crecimiento y la innovación. También pueden liderar con el ejemplo, mediante la adopción de soluciones IoT en el sector público o financiando programas de investigación y desarrollo.

Dado que el ecosistema IoT está compuesto por un gran número de agentes diferentes, los marcos legales se deben basar en una regulación justa para servicios equivalentes. También es muy importante la claridad en las regulaciones para ofrecer a los proveedores de servicios y fabricantes de dispositivos para el IoT la confianza que necesitan para invertir en esta tecnología emergente a escala global.

Los gobiernos y los reguladores también pueden tener un rol destacado en este sentido, apoyando y promoviendo especificaciones y estándares interoperables para todo el sector del IoT. Esto es importante para el futuro crecimiento de la IoT, ya que las plataformas y servicios interoperables reducen los costos de despliegue y su complejidad, facilitan la escalabilidad y permiten que los consumidores puedan disfrutar de experiencias conectadas intuitivas.

Dado que se prevé que el IoT crezca enormemente en los próximos años, los gobiernos también necesitan adoptar un marco legal flexible tanto para el espectro concedido mediante licencia como sin licencia, para garantizar que los operadores móviles puedan desplegar la combinación de tecnologías más adecuada.

El IoT ofrece oportunidades significativas y la posibilidad de innovar en materia de gestión de datos para obtener objetivos económicos, sociales y de políticas públicas, y en definitiva, la posibilidad de mejorar la vida diaria de las personas. No obstante, para que esto suceda, los marcos legales sobre protección de datos y privacidad deben ser prácticos, proporcionados y de aplicación consistente para todas las partes de la cadena de valor del IoT. Esto ayudará a crear un clima de confianza entre la industria y los usuarios finales.

Recursos:
Sitio web de IoT Knowledgebase para el desarrollo de políticas y regulaciones de la GSMA
Informe GSMA: Movilización del Internet de las cosas

Modelos de despliegue global de IoT

Antecedentes

El Internet de las Cosas (IoT) está abriéndose camino en una era en la que un número de dispositivos sin precedentes estarán conectados en todo el mundo. La escala y el alcance de esta conectividad de máquina a máquina (M2M) permitirán el desarrollo de nuevos servicios que ayudarán a las sociedades a hacer un uso más eficiente de los recursos en una amplia variedad de industrias y sectores, como la atención médica, la agricultura, el transporte y la producción.

No obstante, si los gobiernos y las sociedades quieren obtener estos beneficios, las empresas que operan en el ecosistema IoT deben ser capaces de desplegar sus servicios a escala global, en lugar de local. Solo mediante el uso de modelos de despliegue global, la naciente industria del IoT podrá trasladar a los consumidores los beneficios que obtengan de la economía de escala para la prestación de los servicios.

Los enfoques globales para el despliegue de servicios tienen un gran número de ventajas. Por ejemplo, aceleran la velocidad y la calidad del despliegue, y también reducen los costos de ofrecer servicios en mercados más pequeños y locales, donde la creación de un servicio local específico no resultaría rentable. Además, ayudan a garantizar la prestación de una experiencia consistente y de alta calidad para el usuario final.

Los operadores móviles ya están tomando la delantera a la hora de fomentar la salida al mercado de servicios globales en nuevas categorías del mercado, como los dispositivos electrónicos de consumo para la industria automotriz y de salud. Con el surgimiento de nuevos productos y categorías complementarias, incluidos los servicios sanitarios y los «wearables», es probable que aumente la importancia de permitir despliegues globales a gran escala.

Los operadores pueden elegir entre varios modelos de despliegue global, incluido el roaming internacional M2M, la tecnología de SIM integrada desarrollada a través del programa Connected Living de la GSMA, o un híbrido de los dos. También pueden surgir nuevos modelos de despliegue en el futuro.

La elección del modelo de despliegue puede depender de diferentes factores, como por ejemplo:

- Las necesidades concretas del operador móvil, el proveedor de servicios IoT y el usuario final.
- La escala y la cobertura geográfica del despliegue.
- El tipo de aplicación IoT y sus requisitos de servicio específicos.
- La vida útil de los dispositivos y su accesibilidad.

Consideraciones sobre políticas públicas

El IoT tiene el potencial de aportar importantes beneficios sociales y económicos a los ciudadanos y a las empresas mediante un uso más eficiente de los recursos, la creación de nuevos trabajos y servicios, el aumento de la productividad y las mejoras en la prestación de los servicios.

No obstante, los modelos de negocios y de distribución relacionados con el IoT son muy diferentes a los utilizados para ofrecer los servicios de telecomunicaciones tradicionales, como la voz y la mensajería. Normalmente, son de carácter global, con elementos de la cadena de valor distribuidos entre diferentes países y regiones.

La gran diversidad de los servicios ofrecidos y de los agentes implicados en el IoT, así como la distribución geográfica en la cadena de valor, hacen que sea extremadamente importante para el sector ser capaz de desarrollar y seleccionar los modelos de despliegue más adecuados para los diferentes tipos de servicios IoT. Por este motivo, los encargados de formular políticas y los reguladores deberían evitar la creación de regulaciones que intenten dirigir el sector hacia un enfoque único de despliegue. En lugar de eso, los gobiernos deberían fomentar la innovación en los modelos de despliegue del IoT y comprender que los operadores estarán obligados a adoptar soluciones comerciales y técnicas flexibles en diferentes países y regiones de todo el mundo.

Los gobiernos pueden apoyar el carácter global del mercado del IoT de otros modos, por ejemplo, respaldando las plataformas y servicios interoperables para reducir los costos y la complejidad asociados al despliegue, garantizando que todas las partes implicadas en el mercado del IoT operen dentro de un marco regulatorio parejo, y colaborando entre diferentes jurisdicciones para garantizar la consistencia y la claridad de las regulaciones legales, de protección de datos y privacidad.

Recursos:
Informe GSMA: Understanding the Internet of Things (Entendiendo el Internet de las Cosas)
Informe de PWC: Realising the benefits of mobile-enabled IoT solutions (Acercándo los beneficios de las soluciones móviles IoT)

Vehículos conectados

Antecedentes

La integración de las comunicaciones móviles en los vehículos está cambiando la relación de los usuarios con ellos. Cada vez es más habitual que conductores y pasajeros puedan obtener información en tiempo real acerca de sus desplazamientos (como información sobre las condiciones meteorológicas y el tráfico) y disfrutar de programas de entretenimiento e información apropiados (como radio por Internet y servicios de video para los pasajeros). En muchas partes del mundo ya existen implementaciones a gran escala de soluciones conectadas para vehículos. La variedad de estos servicios se está incrementando considerablemente.

Los operadores de redes móviles, que tradicionalmente han proporcionado conectividad para servicios relacionados con los vehículos, están empezando a evolucionar en la cadena de valor y a ofrecer soporte para conectividad ampliada (p. ej., gestión de aplicaciones), activos clave ampliados (p. ej., gestión de servicios al cliente, sistemas de facturación y gestión de fraude) y servicios específicos para el sector (p. ej., telemática, recuperación ante desastres y el alojamiento de centros de datos).

A través del programa Connected Living, la GSMA colabora de forma activa con los fabricantes de vehículos, los operadores de redes móviles, los proveedores de tarjetas SIM, los fabricantes de módulos y con el resto del ecosistema del sector automotriz y el sistema de transporte inteligente (ITS) para facilitar el desarrollo de las soluciones de vehículos conectados actuales y futuras.

La principal plataforma para estas actividades es el Foro de Vehículos Conectados. Este grupo fue creado por la GSMA con el objetivo de promover el diálogo entre todas las partes implicadas en el ecosistema del sector automotriz y el sistema de transporte inteligente, e intenta encontrar nuevos modos de desarrollo de la tecnología móvil que puedan ser aprovechados por estos sectores.

Actualmente, un foco de atención clave es la Especificación de tarjetas SIM Integradas de la GSMA. Esta especificación proporciona un mecanismo único para el aprovisionamiento y gestión remotos de las conexiones máquina a máquina (M2M), permitiendo el aprovisionamiento instantáneo de una suscripción de operador inicial, así como de los cambios posteriores de suscripción de un operador a otro.

La especificación de tarjeta SIM Integrada cuenta con un respaldo global (de operadores, proveedores de tarjetas SIM y de un gran número de fabricantes de equipos y vehículos) y ofrece algunas ventajas importantes que la hacen especialmente adecuada para aplicaciones de vehículos conectados.

- Actualmente, está activa y disponible comercialmente a través de los principales operadores móviles mundiales.
- Ofrece el mismo nivel de seguridad que actualmente proporcionan las tarjetas SIM tradicionales.
- Reduce el riesgo de manipulaciones, ya que la tarjeta SIM está soldada al vehículo.
- Simplifica la producción y reduce la necesidad de contar con una estructura mecánica de soporte y ranura para la tarjeta SIM.

Consideraciones sobre políticas públicas

Las aplicaciones para vehículos y transporte inteligente conectados tienen el potencial de brindar importantes beneficios a los consumidores, entre los que se incluye viajar de forma más segura, reducir la congestión del tráfico y proporcionar información en tiempo real a los pasajeros.

Los gobiernos pueden ayudar a fomentar el desarrollo de los ecosistemas de vehículos y transporte inteligente conectados del siguiente modo:

- Presentando iniciativas para el crecimiento y la innovación.
- Promoviendo la investigación y los programas de desarrollo para vehículos conectados y autónomos.
- Respaldando los servicios, aplicaciones y estándares liderados por la industria, como así también la interoperabilidad.
- Generando confianza en las soluciones del sector automotriz y el transporte inteligente entre los usuarios finales.

Las aplicaciones y servicios para vehículos conectados poseen varias características distintivas. Necesitan funcionar a nivel mundial, soportar largos ciclos de vida útil de los dispositivos, integrarse con soluciones de transporte inteligente locales y cumplir con las regulaciones de seguridad y emergencia locales.

Es importante que los responsables de formular políticas y los reguladores aprecien y comprendan estas diferencias, implementen políticas que permitan el desarrollo de modelos de negocio globales y garanticen la aplicación consistente de estas políticas para todas las partes implicadas en la cadena de valor.

Actualmente, se han desarrollado regulaciones sobre seguridad y emergencias en tres lugares: Europa, Rusia y Brasil.

- En Europa, las regulaciones hacen referencia a eCall, un sistema de llamadas de emergencia integrado en el vehículo que activa automáticamente una llamada de emergencia en el caso de que se produzca un accidente de tráfico grave. La legislación propuesta exige que todos los nuevos vehículos vendidos en la UE estén adaptados para el uso del sistema eCall antes de marzo de 2018.
- La GSMA participa en dos grupos de trabajo liderados por la UE en relación con el sistema eCall: Gestión del Ciclo de Vida Útil de la Tarjeta SIM y Pruebas de Inspección Periódicas. El primer grupo estudia el aprovisionamiento de la tarjeta SIM integrada en el vehículo (desde su activación hasta la definición de los eventos que activan el «final de la vida útil» de la tarjeta SIM), mientras que el segundo grupo se dedica a los procesos de comprobación que se pondrán en marcha para garantizar que todos los vehículos vendidos en la UE para marzo de 2018 cuenten con un sistema eCall perfectamente operativo.
- En Rusia, la iniciativa ERA GLONASS tiene objetivos similares a eCall, ampliados a la reconstrucción de accidentes asociada con los seguros y a los servicios de transporte de sustancias peligrosas, mientras que el proyecto SIMRAV desarrollado en Brasil se centra en reducir los robos de vehículos y bajar las primas de los seguros mediante el uso obligatorio del sistema por parte de los servicios de localización de vehículos robados.

Recursos:

Informe GSMA: Mobilizing Intelligent Transportation Systems (Movilización de los sistemas de transporte inteligente)

Informe GSMA: Automotive IoT Security — Countering the most common forms of attack (Seguridad IoT para la automoción: contrarrestar las formas de ataque más comunes)

Sitio web de GSMA Transforming the Connected Car Market (Transformar el mercado de los vehículos conectados de la GSMA)

Estudio de caso GSMA: EE aporta una conducción más segura a las carreteras del Reino Unido

Documento técnico de GSMA: Split Charging and Revenue Management Capabilities for Connected Car Services (Funcionalidad de cargos diferenciados y gestión de ingresos para servicios de automóvil conectado)

IoT y salúd móvil

Antecedentes

Las presiones que sufren hoy los sistemas de atención médica son mayores que nunca debido a factores como el incremento de las expectativas, el envejecimiento de la población y, especialmente en economías emergentes, el desafío combinado de las enfermedades infecciosas y la creciente incidencia de enfermedades crónicas. Las soluciones de salud móvil ofrecen una oportunidad para ayudar a los proveedores de salud a ofrecer una atención mejorada, más homogénea y eficiente, mejorar el acceso a los servicios sanitarios y capacitar a los individuos para que gestionen su propia salud de manera más eficaz.

De acuerdo a lo indicado en un informe de 2015 de PWC, la salud móvil podría salvar más de un millón de vidas en el África Subsahariana durante los próximos cinco años y el uso de la tecnología del Internet de las Cosas (IoT) en la atención sanitaria podría reducir los costos sanitarios en 99 mil millones de euros en la Unión Europea y añadir 93 mil millones de euros al producto interno bruto de la región en 2017.

Muchas propuestas de salud móvil han sido bien recibidas y su adopción se está generalizando. El mercado se está desarrollando, y dicho desarrollo viene acompañado de un rápido incremento del número de soluciones que, potencialmente, podrían ofrecer nuevas modalidades de atención médica. Como consecuencia, se está prestando mayor consideración a los marcos de políticas y regulación que regirán su promoción y uso.

Consideraciones sobre políticas públicas

Los casos de uso para las soluciones de salud móvil son variados, desde dispositivos médicos que recogen datos de los pacientes hasta aplicaciones que ofrecen servicios de salud e información. De esta manera se brinda apoyo en el área de prevención (incluido el estilo de vida y el bienestar), diagnóstico y tratamiento. Como consecuencia, el abanico de puntos de interés regulatorio es muy amplio.

Aunque se han realizado avances significativos durante los últimos años, existe la necesidad de clarificar las políticas y regulaciones relativas a la salud móvil para garantizar la seguridad, fomentar la confianza de los pacientes y los profesionales de la salud, y ofrecer al sector un nivel de certidumbre suficiente para introducir nuevos productos y servicios al mercado.

Las políticas deben abordar, entre otros, los siguientes temas:

Atención sanitaria centrada en el paciente. Desarrollo de políticas que promuevan la atención centrada en los pacientes y la autonomía de los usuarios, lo que ayudará a impulsar la adopción de la salud móvil.

Acceso. Promoción de iniciativas para la integración de los servicios de salud móvil en los sistemas sanitarios y en las rutinas de atención, con el objetivo de fomentar el desarrollo de modelos de atención basados en los valores que recompensen los resultados médicos y apoyen la innovación.

Implementación. Crear evidencias y establecer programas gubernamentales para permitir las implementaciones a gran escala de las soluciones de salud móvil.

Sistemas, interfaces e interoperabilidad. Fomento de la interoperabilidad y de normas que hagan posible la escalabilidad y la experiencia «plug-and-play».

Entre los temas regulatorios se cuentan los siguientes:

Dispositivos médicos. Desarrollo e implementación de marcos regulatorios claros y proporcionados que garanticen la seguridad de los pacientes al mismo tiempo que permitan estimular la innovación.

Protección de datos. Es de vital importancia el establecimiento de un marco regulatorio adecuado para la protección de datos y la privacidad. Las medidas regulatorias deberían ser proporcionadas y facilitar el uso de los datos a la hora de crear sistemas sanitarios centrados en los pacientes y sostenibles.

Uso para el consumidor: telemedicina

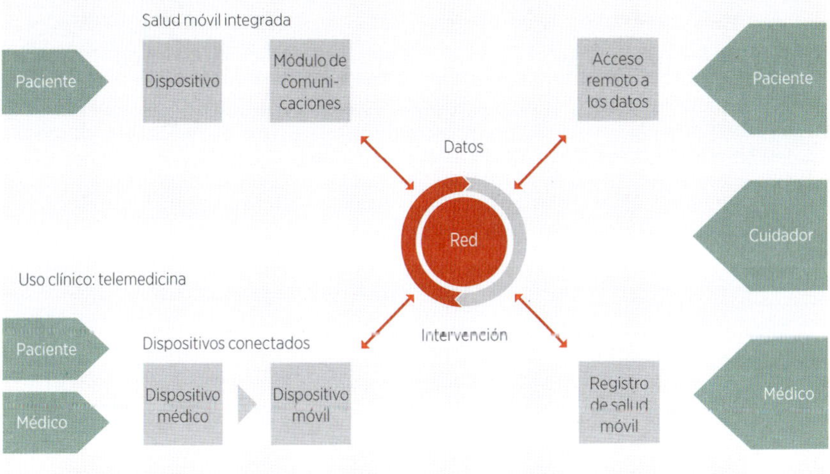

Fuente: PA Consulting Group

Recursos:

Respuesta de la GSMA: Libro Verde de la Comisión Europea sobre Salud Móvil

Declaración conjunta de la GSMA: Coalición para la Asistencia Sanitaria sobre Protección de Datos

Informe de la GSMA y Continua Alliance: política para la salud móvil y regulación de los dispositivos médicos

Informe de PWC: Realising the benefits of mobile-enabled IoT solutions (Acercar los beneficios de las soluciones móviles de IoT)

Documento técnico de GSMA: Global Views on Potential of Mobile Health Solutions to Address Chronic Disease Challenges (Puntos de vista mundiales sobre el potencial de las soluciones de salud móvil para enfrentarse a los retos de las enfermedades crónicas)

GSMA y PA Consulting Group: Policy and Regulation for Innovation in Mobile Health (Política y regulación para la innovación en salud móvil)

Informe de PWC: Socio-economic Impact of mHealth, European Union (Impacto socioeconómico de la salud móvil, Unión Europea)

Informe de PWC: Socio-economic Impact of mHealth, Brazil and Mexico (Impacto socioeconómico de la salud móvil, Brasil y México)

IoT y la privacidad y protección de los datos

Antecedentes

La Internet de las Cosas (IoT) ofrece oportunidades significativas y la posibilidad de innovar en materia de gestión de datos para obtener objetivos económicos, sociales y de políticas públicas, y en definitiva, la posibilidad de mejorar las vidas diarias de las personas. Por ejemplo, el IoT permitirá la aparición de nuevas aplicaciones y servicios que le entregaran a los consumidores la posibilidad de controlar su salud, gestionar su consumo energético y, en general, beneficiarse de soluciones inteligentes para su hogar y ciudad. Estas aplicaciones tienen el potencial de impulsar una serie de resultados positivos, como una mejora en la gestión del tráfico, menores niveles de polución y estilos de vida más saludables.

Muchos servicios del IoT se diseñarán para crear, recopilar o compartir datos. Algunos de estos datos (por ejemplo, los datos relativos al estado físico de las máquinas o las condiciones meteorológicas) no suponen un impacto en la privacidad de los consumidores y, por lo tanto, no se considerarán datos personales.

No obstante, es probable que los servicios de la IoT destinados a los consumidores impliquen la generación, distribución y uso de datos detallados acerca de dichos consumidores. Por ejemplo, un dispositivo doméstico inteligente puede utilizar datos acerca de los hábitos de alimentación o ejercicio de una persona para establecer conclusiones acerca de la salud de dicha persona y ayudarle a adquirir estilos de vida más saludables, o desarrollar un perfil basado en sus hábitos de compra para ofrecerle cupones de descuento personalizados.

Estos tipos de servicios y dispositivos de la IoT tienen el potencial de afectar a la privacidad de las personas y pueden estar sometidos a leyes generales sobre la protección de datos y la privacidad. Cuando los servicios del IoT los proporcionen, los operadores móviles también estarán sometidos a las normas sobre privacidad y seguridad específicas del sector de las telecomunicaciones. No obstante, a medida que los servicios del IoT vayan alcanzando popularidad, se crearán, analizarán en tiempo real y compartirán más datos de los consumidores de diferentes partes y a través de las fronteras nacionales. Por lo tanto, las empresas del ecosistema IoT tienen la responsabilidad de crear confianza entre los consumidores garantizando el respeto a su privacidad.

Consideraciones sobre políticas públicas

Para aprovechar las oportunidades que brinda la IoT, es importante que los consumidores confíen en las empresas que ofrecen los servicios del IoT y que recopilan los datos generados por ellos. Para el sector móvil, la confianza y tranquilidad de los consumidores solo se alcanzará cuando sientan que su privacidad está adecuadamente protegida.

Ya existen legislaciones sólidas sobre protección de datos y privacidad en todo el mundo. Donde ya existen regulaciones y principios para la protección de datos, también se pueden aplicar para abordar las necesidades de privacidad en el contexto de los servicios y tecnologías relacionados con el IoT. Es esencial que los gobiernos apliquen estos marcos legales de tal modo que promuevan la autorregulación y fomenten la adopción de enfoques basados en la gestión de los riesgos en relación con la privacidad y la protección de datos.

Y lo más importante, las protecciones deberían ser prácticas, proporcionadas y diseñadas dentro de los servicios del IoT (privacidad a través del diseño) para fomentar las prácticas empresariales y proporcionar transparencia, capacidad de decisión y control para las personas.

Los servicios del IoT suelen tener un carácter global y a menudo un operador móvil es solo una de las muchas partes de una cadena de suministro que puede incluir a otros, como los fabricantes de dispositivos, motores de búsqueda, plataformas en línea e incluso el sector público. Por lo tanto, es básico que las regulaciones sobre privacidad y protección de datos se apliquen de forma consistente para todos los proveedores del IoT de un modo neutral en lo relativo a los servicios y las tecnologías. Esto ayudará a garantizar un campo de actuación parejo para todas las partes implicadas en el sector, para que puedan centrarse en fomentar la confianza entre los usuarios finales.

Recursos:
Informe GSMA: The Impact of the Internet of Things (El impacto de la Internet de las Cosas)
Informe GSMA: Privacy Design Guidelines for Mobile Application Development (Directrices para el diseño de privacidad en el desarrollo de aplicaciones)

IoT en ciudades inteligentes

Antecedentes

La población mundial se concentra cada vez más en las ciudades; en la actualidad, ya más de la mitad vive en zonas urbanas. Esta tendencia se mantendrá, dado que la Organización Mundial de la Salud prevé que la población urbana mundial crecerá aproximadamente un 1,84 por ciento anual entre 2015 y 2020; 1,63 por ciento anual entre 2020 y 2025; y 1,44 por ciento anual entre 2025 y 2030. Esto sobrecargará la infraestructura y los servicios de las ciudades con mayor tránsito, contaminación y costos de vida más altos. La infraestructura actual de las ciudades generalmente no está diseñada para soportar incrementos continuos en la densidad de la población. Como consecuencia, es muy difícil rediseñar las ciudades existentes en la mayoría de los países del mundo para que den a vasto.

Por este motivo, los gobiernos nacionales y locales cada vez muestran más interés en desarrollar ciudades inteligentes que utilicen tecnologías de comunicación móvil y el Internet de las cosas (IoT), para de este modo resolver la mayoría de los desafíos a los que se enfrentan las ciudades actualmente. Por ejemplo, la tecnología para ciudades inteligentes puede usarse para eliminar la congestión del tráfico, mejorar la infraestructura del transporte público, crear calles más seguras con mejor iluminación e incorporar inteligencia a la infraestructura de los servicios públicos a través de medidores inteligentes y soluciones de red inteligentes. También abre las puertas a nuevas oportunidades comerciales y de inversión para las ciudades.

Los operadores móviles están en el centro de este cambio y ofrecen soluciones basadas en redes IoT móviles especialmente diseñadas para concretar esas ambiciones. Al dar respaldo a dispositivos conectados de bajo costo que poseen batería de larga duración y que pueden ampliarse a gran escala, los operadores móviles pueden satisfacer las necesidades de la próxima generación de ciudades y ofrecer soluciones que hagan más sencilla la incorporación de conectividad y control de la infraestructura clave.

Consideraciones sobre políticas públicas

Los encargados de formular políticas públicas y los reguladores, que buscan promover un etorno que fomente las inversiones en ciudades inteligentes, deberían hacer lo siguiente:

- Generar el compromiso del gobierno central o local. Para desarrollar una estrategia exitosa, la ciudad o el gobierno debe consultar a una gran variedad de partes interesadas, entre los que se incluye a los ciudadanos, socios tecnológicos y planificadores urbanísticos. Sobre todo, el alto nivel de liderazgo de la ciudad debe mostrar un compromiso total con la prestación de servicios a ciudades inteligentes para garantizar que los beneficios se sigan concretando a largo plazo.

- Cada gobierno local es responsable ante sus ciudadanos del éxito de los servicios ofrecidos en ciudades inteligentes. Cada ciudad es diferente y tendrá necesidades distintas según su ubicación, cultura y modelos de financiamiento. Los operadores móviles entienden esto y pueden ayudar a las ciudades a crear objetivos claros que puedan controlarse usando indicadores de rendimiento clave acordados a fin de ejecutar este tipo de proyectos.

- Definir una visión para el futuro. Un líder de una ciudad que tenga visión, compromiso y presupuesto puede convertirse en una poderosa fuerza para crear nuevos servicios para los ciudadanos y negocios locales. Un operador móvil que trabaje como socio puede ayudar a este líder a crear un conjunto realista de objetivos técnicos, programas e indicadores de rendimiento clave en torno a esta visión y establecer una hoja de ruta factible para los servicios futuros.

- Crear oportunidades de inversión. A fin de maximizar el potencial de las ciudades inteligentes, es importante crear un entorno de inversiones que fomente la introducción de nuevos conceptos y aplicaciones que puedan monetizarse. La ciudad misma podría proporcionar el financiamiento para los socios potenciales, o bien podría crear un entorno de trabajo favorable que ayude a atraer los talentos adecuados.

- Una vez que las ciudades inteligentes estén en marcha, su eficacia ambiental, de recursos y operativa ayudará a atraer inversiones de nuevos negocios. Los innovadores modelos de financiación que involucran al sector privado también pueden a veces reducir o desplazar totalmente el gasto de capitales requerido.

- Involucrar a los ciudadanos. Los servicios vinculados a las ciudades inteligentes, generalmente necesitan de la participación ciudadana para garantizar su éxito. Cuando los ciudadanos ven los beneficios de estos servicios (que podrían ahorrarles tiempo, dinero y mejorar su calidad de vida) pueden compartir, apoyar y promoverlos entre las comunidades locales a las que pertenecen y crear así un círculo virtuoso. La transparencia en el uso de los datos puede acelerar este proceso.

Recursos:
Sitio web de Ciudades inteligentes de la GSMA
Informe GSMA: Keys to the Smart City (Claves para una ciudad inteligente)

Datos personales

El contenido digital, los servicios y las interacciones se han convertido en una parte de la vida cotidiana de miles de millones de personas, y se han visto impulsados por el mayor acceso a la banda ancha y por dispositivos móviles cada vez más asequibles. Los datos personales y la autentificación de los usuarios son requisitos primordiales a la hora de estar conectado. Cada vez es más importante que los usuarios tengan una identidad digital para poder autentificarse a sí mismos de manera segura y poder realizar acciones tales como acceder a sus cuentas y suscripciones o compras.

La economía digital se basa en la confianza. Las interacciones, tanto si son sociales, comerciales, económicas o intelectuales, requieren un nivel adecuado de confianza en la otra parte u otras partes involucradas. Sin dicha confianza, los usuarios buscarán otros modos de navegar, realizar operaciones bancarias o comprar. Actualmente, la autentificación de usuarios es inconsistente y poco práctica para los usuarios, y las personas se ven forzadas a memorizar un gran número de nombres y contraseñas de inicio de sesión. Los reguladores y los encargados de formular políticas también fomentan cada vez más el uso de procesos de autentificación de clientes para combatir el fraude y el robo de identidad, ya que entienden que si no se solucionan estos problemas, se crearán barreras para la digitalización de los mercados y la inclusión social.

Para ello, la industria móvil está desarrollando un conjunto consistente y estandarizado de servicios para la gestión de la identidad digital, colocando los dispositivos móviles en el centro del ecosistema de gestión de la identidad digital. Los operadores móviles, al contar con ventajas únicas como la tarjeta SIM, procesos de registro, información de red contextual y procesos de mitigación de fraude, disponen de la capacidad para ofrecer una autentificación de clientes sólida que permite a los consumidores, empresas y gobiernos interactuar en un entorno privado y seguro.

La GSMA colabora con los operadores de redes móviles y con las partes que componen el ecosistema móvil, como gobiernos, bancos y minoristas, para ayudar a implementar soluciones de identidad móvil. La GSMA también funciona con organismos de normalización del sector, como la Open ID Foundation, para garantizar la compatibilidad y la interoperabilidad de los estándares globales.

Juntos, los operadores móviles están trayendo soluciones de identidad móvil al mercado. Estas soluciones soportan grandes escalas a través de un conjunto consistente de tecnologías que se beneficia de un número mínimo de barreras para el acceso al ecosistema de la identidad digital. Estas soluciones también ofrecen una experiencia optimizada a los consumidores, que además es segura y no comparte información personal sin la autorización del usuario.

Ventajas de los operadores móviles a la hora de ofrecer un servicio de identidad digital

Flexibilidad para innovar	Flexibilidad para proporcionar varios factores de autenticación y la capacidad de agregar funciones para los consumidores, tales como "agregar a la factura" o "haga clic para llamar".
El dispositivo móvil	Ubicuo, personal y portátil; sensible a la ubicación y capaz de ser desactivado y bloqueado.
La tarjeta SIM	Autenticación segura en tiempo real; cifrado para almacenamiento de certificados y otros datos seguros.
Estándares de Conocimiento de su cliente (KYC)	Procesos sólidos de registro y detección de fraude en funcionamiento.
Requisitos regulatorios sólidos	Sistemas establecidos para la gestión segura de datos personales.
Atención al cliente	Procesos sofisticados de atención al cliente y relaciones de facturación.
Datos de suscriptores verificados	Preparado para identidad móvil.
La red	Debido a su diseño que protege la seguridad, una red móvil puede desactivar la tarjeta SIM e identificar en una base de datos global un dispositivo como perdido o robado.
Procesos empresariales	Asegura que el usuario tenga una manera de denunciar eventos, tales como los dispositivos perdidos o robados, o la intrusión o ingreso ilícito a una cuenta.

Mobile Connect

Antecedentes

Mobile Connect (Conexión móvil) es una solución de identidad digital introducida por la GSMA con el apoyo de los principales operadores móviles. Ofrece una experiencia para el consumidor segura, optimizada y práctica, una interfaz de usuario consistente y un número mínimo de barreras para el acceso al ecosistema de la identidad digital, permitiendo así servicios de identidad móvil de escala global. Dado que la solución fue lanzada por primera vez en el Mobile World Congress 2014, 42 operadores de 22 países ya han implementado Mobile Connect y aproximadamente tres mil millones de clientes tienen acceso a esta solución.

Al combinar la seguridad intrínseca de los dispositivos móviles, las tarjetas SIM y las redes y procesos comerciales de los operadores, Mobile Connect aumenta la seguridad del usuario y reduce los riesgos de robo de identidad. Mobile Connect abre un gran abanico de oportunidades, tanto para los operadores móviles como para los proveedores de servicios orientados al consumidor, que pueden suministrar una amplia oferta para sus clientes, al mismo tiempo que garantizar la seguridad de la información privada y confidencial de los usuarios.

- Para los consumidores, Mobile Connect mejora la privacidad del usuario y les permite iniciar sesión en sitios web y aplicaciones de forma rápida, sin la necesidad de recordar nombres de usuario y contraseñas. De este modo, simplifica la experiencia de inicio de sesión en una gran variedad de servicios. Con el servicio Mobile Connect, el usuario se autentifica a través de su teléfono móvil, en lugar de hacerlo a través de su información personal, haciendo que el inicio de sesión sea más seguro. La solución utiliza tanto el número del teléfono móvil como el PIN único del usuario. Ambos se combinan con la red segura del operador móvil para garantizar la validez del dispositivo móvil y el usuario en casos de uso más sensibles, como cuando se inicia sesión en servicios digitales del gobierno o del banco.
- Para los proveedores de servicios, el servicio Mobile Connect ofrece las ventajas de una experiencia mejorada para el consumidor (incluida una reducción de las tarifas a la hora de suscribirse a nuevos servicios), costos menores para la gestión de credenciales y la validación de atributos importantes del consumidor, como puede ser su edad, dirección u otra información asociada con la red.

El servicio Mobile Connect se basa en una solución de estándar abierto (el protocolo OpenID Connect) y ofrece una gran interoperabilidad entre operadores móviles y proveedores de servicios, garantizando aún más una experiencia agradable para los consumidores. El servicio Mobile Connect también puede ofrecer diferentes niveles de seguridad, que van desde el acceso a sitios web de nivel de seguridad bajo hasta la autentificación de clientes para realizar operaciones bancarias de alta seguridad. La flexibilidad del servicio Mobile Connect promete convertir las contraseñas en algo del pasado al mismo tiempo que proporcionar mayor privacidad y seguridad.

Objetivos del programa

El servicio Mobile Connect pone a los operadores en el centro de los servicios digitales al permitirles ofrecer soluciones de identidad digital y autentificación sólidas. Al simplemente asociar al usuario con su teléfono móvil, Mobile Connect les permite a los usuarios iniciar sesión en sitios web y aplicaciones o realizar transacciones de forma rápida, sin la necesidad de recordar contraseñas y nombres de usuario.

Un principio fundamental de Mobile Connect es la protección de la privacidad de los usuarios finales, la cual se logra al permitir la autentificación anónima y ofrecerles a los usuarios transparencia en cualquier información que se comparta. La solución posee un mecanismo integrado que les permite a los usuarios gestionar su consentimiento al devolverles el control de sus datos personales.

Consideraciones sobre políticas públicas

Inevitablemente, los servicios de identidad móvil implican diferentes dispositivos, plataformas y organizaciones, todos ellos sometidos a diferentes estándares técnicos, de privacidad y seguridad. Cada vez más los gobiernos están usando las tecnologías móviles como habilitadores esenciales para brindar servicios de identidad digital en sus planes digitales. De este modo, aceleran la inclusión y reducen la brecha digital. Sin embargo, para que las soluciones de identidad móvil como Mobile Connect obtengan un nivel alto de adopción y el máximo impacto en la economía, es preciso abordar una serie de cuestiones de políticas públicas:

- Identificar y evaluar los retos y barreras legales, regulatorios y de políticas existentes que afectan al desarrollo de los servicios de identidad móvil.
- Aprovechar las buenas prácticas para fomentar la implementación de servicios y transacciones de identidad móvil de gran escala.
- Comunicarse con los operadores móviles y el más amplio ecosistema de la identidad digital para facilitar una mayor colaboración entre los sectores público y privado, y promover la interoperabilidad y la innovación.

Los gobiernos y los reguladores deberían crear un plan de identidad digital que reconozca el papel esencial de la tecnología móvil en el ecosistema de la identidad digital. La industria móvil se ha comprometido a colaborar con gobiernos y otras partes interesadas para generar confianza, seguridad y utilidad en la economía digital.

La industria móvil cuenta con una trayectoria probada de desarrollo de redes seguras y ha desarrollado mecanismos de seguridad mejorados para satisfacer las necesidades de otras industrias y sectores del mercado. La implementación y evolución de estos mecanismos de seguridad es un proceso continuo. La industria móvil no es complaciente en lo que respecta a temas de seguridad y la GSMA colabora estrechamente con la comunidad de desarrollo de estándares para mejorar aún más las funciones que protejan las redes móviles y a sus clientes.

En resumen, los operadores móviles, con sus diferentes recursos de identificación y autentificación, tienen la capacidad de permitir a los consumidores, empresas y gobiernos interactuar en un entorno privado, de confianza y seguro, así como ofrecer un acceso más seguro y cómodo a los servicios.

Recursos:
Sitio web de Mobile Connect
Sitio web de Datos personales de la GSMA
Informe GSMA: Mobile Connect — High Security Authentication (Mobile Connect: autentificación de alta seguridad)
Informe GSMA: Mobile Identity — A Regulatory Overview (Identidad móvil: visión de conjunto de la regulación)
Documento técnico de la GSMA, el Banco Mundial y SIA: Digital Identity — Towards Shared Principles for Public and Private Sector Cooperation (Identidad digital: hacia principios compartidos para una cooperación del sector privado y público)
Informe GSMA: Mobile Identity — Unlocking the Potential of the Digital Economy (Identidad móvil: desbloquear el potencial de la economía digital)
Estudio de caso GSMA: Norwegian Mobile BankID — Reaching scale through collaboration (ID bancario móvil en Noruega: escalado mediante colaboración)
Estudio de caso GSMA: Swisscom Mobile ID — Enabling an Ecosystem for Secure Mobile Authentication (ID móvil de Swisscom: habilitación de un ecosistema de autentificación móvil segura)

Entorno comercial

Los gobiernos tienen la responsabilidad de crear un entorno comercial que fomente la innovación y que permita a la industria beneficiarse, de forma que se pueda obtener un impacto positivo, tanto social como económico. Una regulación flexible y ligera es esencial para el sector de la tecnología móvil, que es muy dinámico. El mercado es el elemento mejor capacitado para dirigir la evolución del sector. Una política demasiado preceptiva no puede avanzar a la misma velocidad que las tecnologías y los servicios móviles o la demanda de los consumidores.

Un ejemplo es la actual asimetría entre los requisitos regulatorios exigidos a los operadores móviles frente a las empresas de Internet que proporcionan servicios de voz por IP y mensajería.

El sector de la tecnología móvil es uno de los sectores más intensamente regulados, sometido no solo a las normas comunes que rigen la protección y privacidad de los consumidores, sino también a una serie de normas específicas del sector relacionadas con la interoperabilidad, la seguridad, las llamadas de emergencia, la interceptación legal de datos de los clientes, contribuciones de servicio universal, etc. También es uno de los sectores que sufren una mayor presión tributaria, enfrentándose a tasas, impuestos y aranceles específicos del sector.

Ubicación y seguridad de estaciones base

Antecedentes

Los servicios móviles son un habilitador clave del desarrollo socioeconómico. Lograr que los ciudadanos disfruten de un acceso ubicuo a los servicios móviles es un objetivo clave de la política gubernamental de la mayoría de los países. Con frecuencia, los operadores móviles tienen obligaciones de despliegue en sus áreas de mercado para garantizar la cobertura nacional generalizada.

Para proporcionar cobertura móvil continua en zonas urbanas de elevada densidad de población, los operadores móviles necesitan construir y gestionar una matriz de estaciones base (mástiles independientes, mástiles en tejados y pequeñas células) equipadas con antenas que transmiten y reciben señales de radiofrecuencia y proporcionan servicios de voz y de datos a sus clientes en esa zona.

Para obtener permisos para la implementación de estaciones base, deben satisfacerse una serie de requisitos y condiciones, entre las que se cuenta el respeto de los límites de exposición a campos electromagnéticos (CEM). Los requisitos se pueden definir a escala local, regional y nacional, a pesar de que la autoridad local (p. ej., el municipio) es normalmente el punto de referencia. En algunos países, este proceso ocasiona importantes demoras y variaciones en los costos.

Debate

¿Cuáles son los procesos que deben incorporarse en la obtención de permisos de antenas para evitar demoras injustificadas en su instalación?

¿Qué puntos de referencia deberían usar los gobiernos para establecer límites de exposición a CEM seguros?

¿Cómo es posible equilibrar los objetivos nacionales de conectividad móvil para los ciudadanos con las decisiones de los municipios?

¿Se pueden optimizar los procesos para la aprobación de antenas para pequeñas células y modificaciones a los sitios ya existentes?

Posición de la industria

Los gobiernos que permiten inversiones en redes móviles y eliminan los obstáculos para el despliegue de infraestructuras de red, aceleran la prestación de servicios móviles a sus ciudadanos.

La definición de procesos explícitos, homogéneos a escala nacional, para la aprobación de planificación de estaciones base móviles, permitirá a los gobiernos evitar demoras excesivas en el despliegue de redes. Respaldamos los mecanismos que reduzcan las demoras por obstáculos burocráticos, incluyendo las exenciones para instalaciones pequeñas, las co-localizaciones o ciertas mejoras de instalaciones, los procedimientos de «ventanilla única» para licencias y las aprobaciones tácitas. Los gobiernos pueden liderar mediante su ejemplo mejorando el acceso a los terrenos y edificios de su propiedad.

Las directrices de exposición de las estaciones base deberían ser acordes con las normas internacionales recomendadas por la Organización Mundial de la Salud (OMS) y por la Unión Internacional de Telecomunicaciones (UIT). Deberían evitarse las restricciones arbitrarias adicionales relacionadas con el impacto ambiental.

Los costos de infraestructura establecen un umbral elevado de acceso al sector móvil. Si las políticas son a corto plazo, y si los impuestos y las tasas de licencia no se corresponden con las dinámicas reales del mercado, los operadores no tendrán los medios ni la motivación necesaria para desplegar nuevas tecnologías y llegar a las zonas rurales. Ese tipo de políticas demoran las ventajas sociales y económicas a largo plazo para los ciudadanos.

Recursos:

Sitio web de Base Station Planning Permission in Europe (Permiso de planificación de estaciones base en Europa) de la GSMA

Sitio web de Campos electromagnéticos de la Organización Mundial de la Salud

Datos y cifras

Políticas de radiofrecuencias para países seleccionados

País	Límite RF a 900 MHz (W/m²)	Requisitos para licencias de RF	Exenciones o procedimientos simplificados para...	Restricciones de ubicación	Consultas durante el proceso de ubicación
Australia	4,5	Declaración de cumplimiento normativo	Antenas pequeñas, cambios	Ninguna	Sí
Brasil	4,5	Autorización	-	50 m[a]	Local
Canadá	2,7[b]	Autorización	Antenas pequeñas, cambios	Ninguna	Sí
Chile	4,5/1	Autorización	Antenas pequeñas, cambios	>50 m[c]	Sí
Egipto	4	Autorización	-	20 m[d]	No
Francia	4,5	Autorización	Antenas pequeñas, cambios	Voluntarias para minimizar exposición[e]	Local
Alemania	4,5	Autorización	Antenas pequeñas, cambios	Ninguna	Sí
India[f]	0,45	Declaración de cumplimiento normativo	-	Ninguna de carácter nacional, variación local	No
Italia	1/0,1	Autorización	Antenas pequeñas	Límites reducidos[g]	Sí
Japón	6	Autorización	Antenas pequeñas	Ninguna	Local
Kenia	4,5	Declaración de cumplimiento normativo	Cambios	Ninguna	Sí
Malasia	4,5	Autorización	Antenas pequeñas	Ninguna	Sí

País	Límite RF a 900 MHz (W/m²)	Requisitos para licencias de RF	Exenciones o procedimientos simplificados para...	Restricciones de ubicación	Consultas durante el proceso de ubicación
Países Bajos	4,5	Declaración de cumplimiento normativo	Antenas pequeñas, cambios	Ninguna	Sí
Nueva Zelanda	4,5	Declaración de cumplimiento normativo	Antenas pequeñas, cambios	Ninguna	Local
Reino de Arabia Saudita	4	Declaración de cumplimiento normativo	-	Ninguna	No
Sudáfrica	4,5	Declaración de cumplimiento normativo	-	Ninguna	Local
España	4,5	Autorización	Antenas pequeñas, cambios	Ninguna	Local
Turquía [h]	1,5	Autorización	-	Ninguna	Local
Reino Unido	4,5	Declaración de cumplimiento normativo	Antenas pequeñas, cambios	Ninguna	Sí
Estados Unidos	6	Autorización	Antenas pequeñas, cambios	Ninguna	Local

a 50 m en las proximidades de hospitales, escuelas y residencias de ancianos

b Propuesta para consulta pública

c ICNIRP con límites inferiores en zonas urbanas y áreas sensibles

d No a menos de 20 m de escuelas y parques infantiles

e Recomendación de minimizar la exposición en escuelas, centros de día e instalaciones sanitarias situados en un radio de 100 m

f Adopción de ICNIRP en 2008 y cambio a 10 % de ICNIRP el 1 de septiembre de 2012

g Límite inferior en parques infantiles, áreas residenciales, escuelas y zonas donde las personas pasan más de 4 horas al día

h Una instalación; la exposición total no debe superar el ICNIRP 1998

Competencia

Antecedentes

Los teléfonos móviles son la tecnología de consumo más adoptada de la historia. Una gran parte de este éxito se puede atribuir a cómo la competencia en el sector móvil ha ayudado a fomentar la innovación.

El auge de la economía digital y el crecimiento explosivo del uso de smartphones ha traido innovación y alteraciones a los servicios tradicionales de comunicaciones móviles. Estos cambios también están teniendo impacto en los marcos políticos actuales y desafiando las políticas de competencia (que incluye políticas gubernamentales, leyes sobre la competencia y regulaciones económicas).

A pesar de la influencia que las nuevas dinámicas del mercado están teniendo sobre el sector móvil, la industria aún está sujeta a las contradicciones de un sistema regulatorio anticuado. Esto ha dado como resultado servicios en competencia entre sí, como servicios de voz ofrecidos por operadores móviles y por operadores de Internet, con regulaciones diferentes.

Estas diferencias se pueden ver en cómo las regulaciones económicas (anteriores, ex-ante) y la legislación sobre la competencia (posteriores, ex-post) se aplican al sector. Por ejemplo, la jurisdicción de un regulador puede estar limitada al sector de las telecomunicaciones y no alcanzar a los operadores de Internet. Como resultado de ello, a menudo, los reguladores no consiguen tener en cuenta las diferentes dinámicas del mercado en los procesos de evaluación y toma de decisiones. Del mismo modo, no comprender la complejidad de la cadena de valor puede afectar al modo en el que se aplican las leyes sobre la competencia.

El resultado final es que los operadores móviles a menudo se ven atrapados entre los dos mundos y los consumidores no pueden recibir todos los beneficios de estos mercados competitivos.

Debate

¿Cómo deberían definirse los mercados en la era digital?

¿Cómo se pueden aplicar las herramientas tradicionales para la competencia en la era digital?

¿Las herramientas de medición de Poder Significativo de Mercado (PSM) siguen siendo adecuadas?

Posición de la industria

El sector móvil respalda la competencia como el mejor modo de ofrecer crecimiento económico, inversión e innovación en beneficio de los consumidores. Una regulación excesiva asfixia la innovación, aumenta los costos, limita las inversiones y, en consecuencia, perjudica el bienestar del consumidor como consecuencia de la asignación ineficaz de los recursos, el espectro en particular.

Para garantizar que la competencia y la innovación prosperen, es fundamental que las autoridades creen una igualdad de condiciones en todo el ecosistema digital. Todos los competidores que ofrezcan los mismos servicios deberían estar sometidos a las mismas obligaciones regulatorias, o a la ausencia de dichas regulaciones. Este objetivo debe alcanzarse mediante una combinación de desregulación y la creciente utilización de una legislación uniforme para reemplazar reglas específicas de la industria, de la tecnología o de los servicios.

Los reguladores y las autoridades en materia de competencia deben reconocer en su totalidad la competencia dinámica adicional que existe en la era digital. Los operadores de Internet adoptan nuevos y diferentes modelos de negocio para ofrecer sus servicios a los clientes. Algunos ejemplos serían los servicios con publicidad incluida que hacen uso de sistemas analíticos sofisticados para Internet. Los reguladores y las autoridades en materia de competencia deben conocer y comprender estos modelos, y valorar su impacto competitivo antes de imponer obligaciones regulatorias o directrices sobre competencia. De lo contrario, servicios en directa competencia entre sí pueden acabar con regulaciones diferenciadas. Por ejemplo, las empresas que adopten modelos comerciales tradicionales y más conocidos pueden verse sometidas a un mayor escrutinio.

Tener en cuenta a estos nuevos tipos de competidores a la hora de evaluar los mercados puede señalar que hay un nivel de competencia mucho mayor en los servicios de comunicación de que actualmente son capaces de reconocer las autoridades reguladoras y encargadas de velar por la competencia. Este tipo de análisis podría demostrar el potencial de los objetivos de las políticas regulatorias que se pretenden alcanzar mediante las leyes sobre la competencia, dando como resultado la inoperancia o no necesidad de una regulación aplicada.

De hecho, es un principio básico en la regulación económica que no deberían imponer controles si la ley de competencia fuese suficiente para solucionar los problemas identificados. Como resultado de ello, es probable que esté justificado un cierto nivel de desregulación de los proveedores con licencia. Además, existe la posibilidad que la ley de competencia se mejore, para que sea más eficaz. La GSMA ha publicado un informe llamado Redefiniendo las políticas sobre competencia para el ecosistema digital que incluye 15 recomendaciones detalladas, que se resumen en las siguientes páginas.

Recursos:
Informe GSMA: Redefiniendo las políticas sobre competencia para el ecosistema digital
Informe del Parlamento Europeo: Challenges for Competition Policy in a Digitalised Economy (Los retos de las políticas sobre competencia en una economía digitalizada)

Más a fondo

La competencia en los mercados digitales

La economía global está sufriendo una transformación importante. La rápida adopción de tecnologías, incluidas las comunicaciones móviles, plataformas digitales, Big Data, servicios en la nube y redes sociales están cambiando la naturaleza de los productos y servicios, y la forma en que las personas se relacionan. Esta transformación altera los modelos de negocios e industrias existentes, además de ofrecer un importante potencial para enriquecer la vida de las personas.

Características de la economía digital

DINÁMICA olas de inversión, innovación y tecnología	**MULTIDIMENSIONAL** mercados y plataformas	**EFECTOS EN LA DEMANDA** y economías de escala para servicios digitales
CALIDAD más importante para los clientes que los precios	**El «BIG DATA»** como factor clave de competencia	**MERCADOS MÁS AMPLIOS** y desaparición de los límites tradicionales

La competencia en los mercados digitales es diferente de la competencia en los mercados tradicionales. Tiene las siguientes características específicas:

- Olas de inversión e innovación y rápido progreso de la tecnología.
- Calidad y características del producto que a menudo son más importantes que el precio para el cliente.
- Resultados en los que el ganador se lleva todo (winner-takes-all), donde los nuevos participantes que ofrecen productos o servicios innovadores pueden superar a firmas ya establecidas.
- Economías de escala y fuertes efectos de la red en el suministro de servicios digitales.
- Mercados y plataformas multidimensionales, con grupos diferentes de usuarios en las distintas dimensiones que se benefician con la presencia del otro.
- Recopilación y análisis de datos a gran escala, con el potencial para producir efectos anticompetencia, en especial cuando contribuyen a la calidad del servicio.

Estas diferencias desafían las políticas existentes y exigen una redefinición del marco de competencia y un enfoque más matizado hacia la política de competencia para el ecosistema digital.

Más a fondo

Redefiniendo las políticas de competencia: recomendaciones

La GSMA apoya que los gobiernos adopten las siguientes recomendaciones para garantizar que sus marcos de política de competencia sigan siendo relevantes para hacer frente a los problemas de abuso de poder de mercado y sus deficiencias en la economía digital.

Definición de mercado y poder de mercado

1. Ajustar las herramientas existentes para tener en cuenta las características específicas de los mercados digitales.
2. Enfoque en los patrones de sustitución reales.
3. Utilizar herramientas alternativas para capturar los principales determinantes de la conducta cambiante de los consumidores.
4. Garantizar que la definición de mercado sea suficientemente previsora, y revisar y adaptar las políticas para capturar plenamente los cambios en el mercado relevante.
5. Hacer foco en la potencial conducta anticompetitiva y sus posibles efectos, en lugar de inferir el poder de mercado desde su estructura.
6. Evaluar el grado en que el Big Data confiere poder de mercado.
7. Mantener un alto umbral para la intervención, en base a la dominancia colectiva.

El estándar de bienestar total

8. Adaptarse a un estándar de bienestar total para respaldar el crecimiento de la productividad a largo plazo y niveles de vida más elevados.
9. Hacer foco en el efecto dinámico cuando se evalúan las fusiones y la competencia en los mercados digitales.
10. Usar mejores herramientas para evaluar las eficiencias.

Regulación ex-ante y ex-post

11. Revisar los niveles de la regulación ex-ante para garantizar el equilibrio entre la regulación y los riesgos de inversión.
12. Enfoque en la regulación ex-ante del poder de mercado duradero.
13. Garantizar una regulación más optimizada y en consonancia con la ley de competencia.

Acuerdos institucionales

14. Adoptar medidas temporales para acelerar la aplicación ex-post y mitigar el perjuicio potencial de las conductas anticompetitivas.
15. Replantear los acuerdos institucionales.

Estructuras eficientes en el mercado móvil

Antecedentes

Desde sus principios, los mercados móviles se han caracterizado por una estructura de mercado vibrante y competitiva que fomenta la inversión y la innovación. Tradicionalmente, la principal herramienta política utilizada para respaldar esta estructura de mercado ha sido la asignación del espectro. Desde el año 2000, los formuladores de políticas públicas han concedido un número cada vez mayor de licencias a operadores de redes móviles para fomentar la competencia y mejorar el rendimiento del mercado.

La herramienta política de la asignación del espectro ha llevado a la situación actual, donde el número de países con un único proveedor de servicios móviles se ha reducido desde casi la mitad de los países del mundo en el año 2000, a solo un pequeño número de estados que representan actualmente menos del tres por ciento de la población mundial.[1]

Existe una gran demanda de redes móviles de alta velocidad, gran calidad, sólidas y seguras, tanto de los usuarios como de los encargados de políticas públicas. Esto ha impulsado a los operadores móviles a realizar grandes inversiones en infraestructuras de redes y servicios. Estas inversiones son continuas, ya que el sector móvil suele seguir un ciclo tecnológico de unos diez años (o menos), por lo que los operadores están invirtiendo mucho actualmente en las redes 4G, mientras que dentro de unos años, el foco de las inversiones cambiará a la tecnología 5G.

El elevado nivel de competencia en los mercados de servicios móviles ha supuesto una caída dramática en las tarifas aplicadas a los usuarios, por lo que dichos usuarios ahora obtienen más por su dinero. Al mismo tiempo, los operadores están invirtiendo constantemente en mejoras en la red para proporcionarles a los consumidores una mejor calidad de servicio.

Mientras se mantenga la competencia para fomentar la innovación y obtener mayores beneficios sociales, los formuladores de políticas públicas no deben crear o mantener condiciones artificiales o no económicas que provoquen una baja en los precios hasta niveles inasumibles por parte de los operadores, causando que no inviertan en sus redes.

Las autoridades reguladoras nacionales también deben reconocer la naturaleza competitiva de los mercados móviles actuales, evitar intervenciones en la concepción de las estructuras de los mercados y permitir que los mecanismos del mercado determinen la estructura óptima del mercado móvil.

Al mismo tiempo, las autoridades en materia de competencia encargadas de evaluar el impacto de las fusiones propuestas en el sector móvil deben tener en cuenta las eficiencias dinámicas (y los posibles beneficios para la sociedad en su conjunto) derivadas de las fusiones del sector móvil.

1 Frontier Economics, Assessing the Case for Single Wholesale Networks in mobile communications (Valoración del caso de Redes mayoristas únicas en las comunicaciones móviles) (2014)

Debate

¿Pueden las fusiones entre operadores móviles aportar beneficios importantes a los consumidores de los mercados móviles y a la sociedad en general?

Posición de la industria

A la hora de valorar las fusiones de los operadores móviles, los formuladores de políticas públicas deberían considerar todos los posibles beneficios estáticos y dinámicos derivados de dichas fusiones, incluyendo efectos sobre los precios, innovación, uso del espectro e inversiones tanto a corto como a largo plazo.

Inversiones y Calidad de Servicio

- Las autoridades en materia de competencia deberían tener más en cuenta cómo las fusiones pueden cambiar la capacidad de inversión de un operador. La creciente demanda de servicios de datos que requiere un ancho de banda cada vez mayor significa la necesidad de una inversión constante en nueva capacidad y tecnologías.

Efectos colaterales positivos sobre la economía en general

- Las mejoras en las infraestructuras digitales fomentan el crecimiento económico al influir positivamente en la productividad en todo el ámbito económico.

Mayores beneficios que las redes compartidas

- Las autoridades en materia de competencia a menudo han argumentado que las redes compartidas suponen una mejor alternativa que las fusiones. Mientras que la naturaleza de fomento de la competencia de los acuerdos de redes compartidas solo puede evaluarse caso por caso, cabe señalar que los acuerdos de redes compartidas no siempre son factibles entre las partes de una fusión debido a una asimetría de los activos (como la titularidad del espectro) o una estrategia de despliegue diferente.

Precios unitarios

- No hay pruebas sólidas que sugieran que los mercados con cuatro operadores tienen precios inferiores a los de los mercados de tres operadores en Europa y en el resto del mundo durante la década pasada.

- Las fusiones pueden acelerar la transición entre ciclos tecnológicos en el sector móvil (los ciclos tecnológicos que son los responsables de reducciones importantes en los precios unitarios), generando mejoras en la calidad y fomentando la innovación en los servicios.

- A medida que el mercado se está cambiando desde la voz a los datos, la tasa de crecimiento de volumen global en las redes móviles se está acelerando. Esto supondrá estructuras de mercado más concentradas que en el pasado para afrontar el desafío de la inversión y reducir los precios unitarios de los datos móviles, con el fin de mantener el crecimiento de la demanda de servicios de datos móviles.

Efectos de las soluciones sobre las inversiones y el uso del espectro

- En algunos casos, si los operadores se ven obligados a proporcionar acceso a sus redes a terceros, esto podría reducir los incentivos para la inversión en lugar de aumentarlos como resultado de la fusión, reduciendo así significativamente los beneficios para los consumidores. Además, en los tres casos (Irlanda, Alemania y Austria) donde se presentó una opción de acceso a la red nacional por parte de la Dirección General de la Competencia de la Comisión Europea, nadie aprovechó la opción, a pesar de que las condiciones parecían muy favorables.

- Las soluciones que implican la reasignación de activos de red o la reserva de espectro para otros operadores podría, en algunos casos, desincentivar las inversiones y generar la presencia de recursos infrautilizados o directamente no utilizados.

Recursos:
Informe GSMA: Assessing the case for in-country mobile consolidation (Evaluación de caso de consolidación móvil nacional)
Informe GSMA: Assessing the case for in-country mobile consolidation in emerging market (Evaluación de caso de consolidación móvil nacional en un mercado emergente)

Más a fondo

Los beneficios dinámicos de las fusiones

Recientemente se ha encendido el debate sobre los efectos de la consolidación en el desempeño de los mercados móviles, a raíz de las fusiones en varios países europeos clave, como Austria, Alemania, Irlanda y el Reino Unido. Por un lado, algunos argumentan que la consolidación tiene un efecto perjudicial sobre los precios y la calidad, mientras que otros creen que si la consolidación no tiene lugar, los mercados móviles no alcanzarán la escala necesaria, atraerán suficientes inversiones y se beneficiarán de las mejoras tecnológicas necesarias para respaldar la digitalización de la sociedad, impulsar la innovación y estimular el crecimiento económico a futuro.

En los últimos dos años ha habido solo un número limitado de documentos económicos publicados que analizan la forma en la cual las fusiones tienen impacto en las inversiones. Hemos analizado los documentos clave[1] entre ellos y a continuación se resumen nuestras conclusiones:

La principal conclusión es que después de la fusión, existe evidencia de que la concentración conduce a una mayor inversión en el ámbito de la empresa. Mientras que muchos creen que la consolidación es probable que conduzca a una reducción de la inversión de los operadores (debido a una disminución de la intensidad de la competencia), las pruebas de hecho apuntan hacia una mayor inversión. Esto se debe a que los operadores más grandes disfrutan de las economías de escala que ayudan a la hora de ampliar la cobertura y realizar mejoras en la red. También tienen una mayor fortaleza financiera, debido a los márgenes de beneficio más elevados y mejor acceso a activos complementarios y asociaciones comerciales, y se espera mayor rentabilidad de sus inversiones.

La evidencia inicial del mercado austriaco tras la fusión entre Hutchison 3G y Orange demuestra que la capacidad de inversión adicional resultante de la fusión se ha utilizado para acelerar el despliegue de 4G para satisfacer la creciente demanda de banda ancha móvil. Esto demuestra que la cobertura 4G en Austria se expandió a un ritmo más rápido que en países que no han sido testigos de una fusión.

1 CERRE (2015), Frontier (2015), Houngbonon y Jeanjean (2015), Houngbonon y Jeanjean (2016), HSBC (2015), WIK (2015)

Efectos de la concentración en la inversión

Documento de investigación	¿Cómo afecta la concentración a la inversión por operador?	¿Cómo afecta la concentración a la inversión total del país?
WIK (2015)	Sin efecto	Sin efecto
CERRE (2015)	Aumenta la inversión	Sin efecto
Houngbonon y Jeanjean (2016)	Aumenta la inversión	
Frontier (2015)	Aumenta la inversión en mercados de 4 participantes	
Houngbonon y Jeanjean (2015)	U invertida: inversión maximizada al 38 % del margen	
HSBC (2015)	U invertida: inversión maximizada a 37 % del margen	

- Solo WIK (2015) concluye que la consolidación no aumenta la inversión. Sin embargo, nuestro marco de evaluación indica que este estudio abarca un número restringido de países y un marco de tiempo limitado, y que no tiene en cuenta la relación circular entre la estructura del mercado y la inversión.

- Se determinó que las inversiones por operador aumentan de manera uniforme con la concentración de acuerdo con CERRE (2015), Houngbonon y Jeanjean (2016) y Frontier (2015). Los dos primeros estudios tuvieron una puntuación particularmente buena al tener en cuenta factores relevantes que conforman la inversión: utilizan conjuntos de datos que tienen un punto de vista global y también toman en cuenta todos los efectos de la retroalimentación. También utilizan la inversión por empresa como una métrica, lo que concluimos es una métrica mejor que los agregados de los países, ya que refleja el comportamiento del operador. El problema con los agregados de los países es que nos deja con una «caja negra» de datos en los cuales las decisiones de inversión de los operadores no se pueden observar en su totalidad.

- Otro conjunto de estudios, Houngbonon y Jeanjean (2015) y HSBC (2015), sugiere que la consolidación solo aumenta la inversión por operador si los márgenes de beneficios están por debajo de un determinado umbral, que es el caso en los mercados más desarrollados. Nuestro marco de evaluación indica que esta base de pruebas es sólida para el mismo conjunto de razones expuestas en el punto anterior.

Medio ambiente y cambio climático

Antecedentes

Los gobiernos, la industria y el público en general aceptan ampliamente la necesidad de reducir las emisiones de gases de efecto invernadero para limitar el calentamiento global y el cambio climático. Esto se ha reforzado por la ratificación en 2016 del Acuerdo de París sobre el Cambio Climático.

La demanda de energía, en particular para la infraestructura de red, crece con la expansión del uso de los teléfonos móviles. Más del 80 por ciento de las necesidades energéticas de un operador de red móvil convencional están asociadas con la alimentación de la red. Sin embargo, la industria móvil es responsable de una pequeña parte de las emisiones de gases de efecto invernadero (GEI) mundiales, inferior al 0,5 por ciento. Sin embargo, la energía supone un costo considerable para los operadores móviles, especialmente en los mercados emergentes.

Los operadores de redes móviles y los fabricantes han ido mejorando la eficiencia energética de la infraestructura de la red móvil y recurriendo a fuentes de energía renovables, tales como los sistemas de energía solar, eólica e híbrida para alimentar estaciones de base rurales fuera de la red.

El análisis de 65 redes móviles demuestra que el consumo total de energía de la red solo registró un incremento del cuatro por ciento entre 2010 y 2011, a pesar del aumento considerable del tráfico y las conexiones móviles. El consumo total de energía por unidad de tráfico disminuyó aproximadamente 30 por ciento y el consumo de energía por conexión se redujo un tres por ciento.

El objetivo de la industria móvil es lograr un descenso de las emisiones de GEI por conexión del 40 por ciento entre 2009 y 2020.

La Unión Europea, en particular, está instando al sector de las Tecnologías de la información y la Comunicación (TIC) a contabilizar en detalle sus emisiones de carbono para ayudar a alcanzar los objetivos de reducción de GEI de la UE.

Debate

Además del esfuerzo constante de la industria móvil en la reducción de sus propias emisiones, ¿debería también trabajar hacia la reducción de emisiones en otros sectores, habilitado por las TIC? En ese caso, ¿cómo pueden los gobiernos ayudar, especialmente a la luz del Acuerdo de París?

¿Qué rol desempeña el gobierno en el uso de la tecnología móvil para la reducción de emisiones generadas por sus propios servicios públicos, por ejemplo con la promoción de soluciones TIC verdes?

¿Cómo puede ampliarse y fortalecerse el impacto de la industria móvil en el aporte a la consecución de los Objetivos de Desarrollo Sostenible?

Posición de la industria

La industria móvil reconoce su papel en la gestión de las emisiones de gases de efecto invernadero, pero también considera que los gobiernos deberían propiciar las comunicaciones máquina-a-máquina (o M2M) en los sectores donde el potencial de reducción de las emisiones es mayor.

Los estudios realizados han establecido que la industria móvil tiene la capacidad de reducir las emisiones de GEI en otros sectores (transporte, edificios y compañías eléctricas) en al menos cuatro o cinco veces la de su propia huella de carbono. Estos ahorros se derivan principalmente de aplicaciones de red inteligente y contadores inteligentes, así como del transporte y logística inteligentes.

La industria móvil está dando pasos para aumentar la eficiencia energética de sus redes y reducir sus emisiones. Los operadores de redes gastan cada año unos 17 000 millones USD en energía, por lo que la eficiencia energética y la reducción de las emisiones suponen prioridades estratégicas en todo el mundo.

El servicio Mobile Energy Efficiency Benchmarking de la GSMA permite a los operadores de red evaluar la eficiencia energética relativa de sus redes. Más de 40 operadores móviles participaron en el servicio, lo cual supone más de 200 redes y más de la mitad de los suscriptores móviles del mundo.

La metodología Mobile Energy Efficiency de la GSMA se ha adoptado en la recomendación de la UIT para la evaluación de los impactos ambientales de las redes y los servicios TIC.

La GSMA también ha contribuido al trabajo del Instituto Europeo de Estándares de Telecomunicaciones para el desarrollo de la norma internacional ES 203 228, que define un método de medición de la eficiencia energética para las estaciones base.

El programa Green Power for Mobile, una iniciativa conjunta de GSMA y la International Finance Corporation (IFC), miembro del Grupo del Banco Mundial, promovió el uso de energías renovables para ampliar la cobertura de las redes móviles más allá de la red disponible.

Recursos:
Informe GSMA: Impacto de la industria móvil en 2016: Objetivos de Desarrollo Sostenible
Informes de GSMA: Mobile's Green Manifesto 2009 y actualización de 2012

Estudio de caso

Estudio de viabilidad de energía verde para Airtel Madagascar

Globalmente, se espera un aumento del 16 por ciento de las telecomunicaciones sin conexión o con una mala conexión a la red eléctrica en los próximos seis años. La adopción de un sistema de generación de energía alternativa y renovable es necesaria para que los operadores móviles puedan mantener los costos de operación bajo control y para gestionar de forma responsable el volumen de las emisiones de carbono que generan sus redes. Para ello, el programa Green Power for Mobile de la GSMA colabora con los operadores móviles para ofrecer servicios de análisis de mercado y consultoría, asistencia técnica y diseño de modelos empresariales.

En 2013, la GSMA llevó a cabo un estudio de viabilidad de energía verde para Airtel Madagascar para demostrar la viabilidad técnica y financiera de energías verdes alternativas respecto al enfoque energético existente del operador, con el objetivo de reducir la dependencia de Airtel respecto a los generadores diesel y reducir así las emisiones de CO_2. El estudio de viabilidad confirmó una serie de desafíos a los que se enfrentaba el operador, como por ejemplo:

- Acceso deficiente a las estaciones base de la red.
- Escasa penetración de la red eléctrica y costo elevado de las extensiones de red.
- Costo elevado del combustible diesel para los generadores de estaciones base sin acceso a la red eléctrica.
- Ausencia de proveedores nacionales de tecnologías y energías renovables.
- Ausencia de un apoyo normativo para el despliegue de las energías renovables.

Teniendo en cuenta estas condiciones, la GSMA aconsejó a Airtel que implementase un enfoque híbrido red-batería para sus estaciones con conexión a la red eléctrica, con el objetivo de reducir su dependencia de un generador diesel para la alimentación de la estación base. Para las ubicaciones sin conexión a la red eléctrica se identificaron tres opciones: extender la alimentación de la red eléctrica hasta la estación base, instalar una solución de energía renovable, o implementar una combinación de generador diesel y batería.

Tras el análisis por ubicaciones de la GSMA, se aconsejó a Airtel implementar una solución de energía solar híbrida para 147 emplazamientos, extender la alimentación de la red eléctrica en 48 ubicaciones e implementar un sistema diesel-batería híbrido en 21 ubicaciones. Otras recomendaciones fueron implementar mecanismos de control inteligente de la energía y de los equipos para todas las ubicaciones e instalar controles inteligentes para seleccionar la fuente de alimentación adecuada en cada momento (es decir, solar, alimentación de la red eléctrica, baterías y generador diesel).

Airtel Madagascar ha iniciado la implementación de los cambios recomendados y la GSMA calcula que el operador reducirá su factura energética en más de un 90 por ciento en las 147 locaciones en las que se va a desplegar una solución verde. En el caso de las ubicaciones sin conexión a la red eléctrica o con una conexión deficiente, los costos energéticos pueden suponer hasta el 75 por ciento del costo operativo anual de la estación. Airtel Madagascar solía gastar aproximadamente 25 000 USD al año en generación y gestión de la energía para una estación, más aproximadamente 9000 USD en costos de alquiler de cubiertas y sustitución de baterías. Tras la implementación del sistema solar híbrido, los costos operativos y de generación de energía de Airtel se reducirán en aproximadamente 3000 USD por ubicación y año.

Además de las ventajas económicas de este enfoque energético verde, los resultados medioambientales serán importantes una vez finalizadas las renovaciones:

- Una reducción en el consumo de combustible diesel de 1,12 millones de litros al año.
- Una reducción del 75 por ciento en la dependencia del generador diesel.
- Las soluciones de energía verde ofrecen una amortización media de la inversión de 2,25 años.
- Una reducción en las emisiones de CO_2 de 3120 toneladas al año.
- 978 876 kWh al año generados a partir de fuentes de energía renovables.

Apertura de los gateways internacionales

Antecedentes

Las puertas de enlace internacional (IGW, por sus siglas en inglés) son las instalaciones a través de las cuales el tráfico de telecomunicaciones entra y sale de un país.

En los mercados emergentes, se asignó el monopolio de las puertas de enlace internacional a las compañías tradicionales de telecomunicaciones fijas, partiendo del supuesto de que un monopolio sobre las puertas de enlace internacional permitiría al país gestionar sus tarifas internacionales y, con ello, habilitaría a la empresa tradicional financiar el despliegue de una red nacional.

Sin embargo, los cambios en la tecnología y el despliegue de nuevos servicios, como VoIP, han permitido sortear los monopolios sobre las puertas de enlace. Estos casos han incrementado significativamente la competencia y han reducido las tarifas internacionales.

Lamentablemente, algunos países han aplicado un impuesto específico de telecomunicaciones en forma de recargo por el tráfico internacional entrante (SIIT, por sus siglas en inglés), lo que equivale a someter las llamadas entrantes a una doble imposición tributaria.

La presencia de monopolios de puertas de enlace internacional tiende también a inflar artificialmente los precios de los servicios de roaming móvil.

A finales de los años 90 y con la entrada del nuevo siglo, la mayoría de los países liberaron las IGW. A finales del año 2013, menos de un 15 por ciento de los mercados se mantenían como monopolios, y en general, se trata de naciones insulares muy pequeñas, o estados subdesarrollados o con otro tipo de problemas[1].

Debate

¿Qué estructura de puertas de enlace internacional (monopolio o liberalización) resulta más beneficiosa para un país y sus ciudadanos?

Las pruebas demuestran que la liberalización realmente estimula la inversión y que el temor a las pérdidas de ingresos internacionales es ilusorio... Combinada con las ventajas económicas generales para un país y su gobierno, la liberalización de las puertas de enlace internacional (IGW) es una respuesta regulatoria racional y de mejores prácticas en comparación con un manejo monopólico de las mismas.

— Informe del estudio de la GSMA sobre las ventajas de la liberalización de las puertas de enlace, 2007

Posición de la industria

La competencia en los servicios de puerta de enlace internacional debe estimularse, puesto que conduce a la reducción de costos para el consumidor, al incremento del ancho de banda nacional y a la mejora de la calidad del servicio a los operadores.

La liberalización de las IGW aporta ventajas macroeconómicas derivadas de la reducción de costos comerciales, el estímulo de la inversión, la garantía de diversidad en el suministro y la mejora de la conectividad de la economía global.

Los países que han intentado mantener los monopolios de IGW se esfuerzan en vano en la actualidad para detener el desarrollo, ya que el «bypass» ilegal puede representar hasta el 60 por ciento del tráfico actual. Si bien el bypass ofrece bajos precios a los consumidores, lo hace a costa de la calidad del servicio y el riesgo de que se interrumpa cuando se cierren los servicios locales que utilizan tecnologías ilegales.

Para que los países en desarrollo puedan ser plenos partícipes de un mundo globalizado, sus puertas de enlace internacional deben estar totalmente liberalizadas a fin de permitir la competencia y las inversiones privadas.

Al permitir los monopolios de las puertas de enlace internacional, los gobiernos tienen que hacer frente a considerables costos originados por la regulación y la aplicación de las leyes para evitar el bypass ilegal. Además, dejan de percibir los ingresos fiscales que generarían servicios legales.

Cuando se busca la liberalización de las puertas de enlace internacional, las mejores prácticas internacionales sugieren que se deben adoptar medidas para proteger la competitividad para garantizar una evolución justa del entorno. Puede existir la necesidad de regular a los operadores tradicionales para garantizar un acceso razonable a los «cuellos de botella» (como estaciones de cable, conductos y backhaul) que estén bajo el control del operador tradicional.

[1] Investigación de Arthur D. Little para la GSMA, 2015

Recursos:
Informe GSMA: Gateway Liberalisation: Stimulating Economic Growth (Liberalización de las puertas de enlace: estímulo al crecimiento económico)
Informe GSMA: Mobile Taxation: Surcharges on International Incoming Traffic (Tributación del sector móvil: sobretasas en el tráfico internacional entrante)

Compartición de infraestructura

Antecedentes

Los acuerdos de compartición de infraestructura, comunes en muchos países, permiten que los operadores móviles hagan uso conjunto de mástiles, edificios e incluso antenas, evitando la duplicación innecesaria de infraestructura. La compartición de infraestructura puede fortalecer la competencia, reducir la huella de carbono de las redes móviles y disminuir los costos para los operadores.

Compartir infraestructura puede proporcionar capacidad adicional en zonas congestionadas donde el espacio para emplazamientos y torres es limitado. Del mismo modo, la práctica puede facilitar la expansión de la cobertura en regiones geográficas antes desatendidas.

Al igual que ocurre con los acuerdos de comercialización del espectro, la compartición de la infraestructura móvil ha involucrado tradicionalmente la cooperación entre operadores con licencia, basándose en sus necesidades comerciales.

Debate

¿Deberían los reguladores supervisar, aprobar o administrar los acuerdos de compartición de infraestructura?

¿Qué papel deberían desempeñar los gobiernos en el desarrollo y la gestión de infraestructura central?

Posición de la industria

Los gobiernos deberían contar con un marco regulatorio que haga posible la compartición voluntaria de infraestructura entre operadores móviles.

Si bien en ciertas ocasiones compartir infraestructura puede ser ventajoso para los operadores móviles, el despliegue de las redes sigue siendo un elemento importante de ventaja competitiva en los mercados móviles. Por lo tanto, la compartición debería ser el resultado de negociaciones comerciales, es decir, no debería ser una imposición ni estar sujeta a restricciones regulatorias ni a costos adicionales.

El marco regulatorio de un país debe facilitar todo tipo de acuerdos de compartición de infraestructura, que pueden comprender el uso compartido de varios componentes de las redes móviles, incluyendo la compartición tanto pasiva como activa.

En algunos casos, la compartición de emplazamientos aumenta la competencia al dar a los operadores acceso a las instalaciones clave necesarias para competir en relación con la calidad de servicio y la cobertura.

Los acuerdos de compartición de infraestructura deberían regirse a través de las leyes comerciales y, por tanto, estar sujetos a evaluaciones en el marco de la legislación general sobre competencia.

El acceso a los activos troncales propiedad del gobierno debe estar disponible con términos comerciales no discriminatorios y a tarifas de mercado razonables.

Recursos:

Informe GSMA: Mobile Infrastructure Sharing (Compartición de infraestructura móvil)

Sitio web sobre Compartición de infraestructuras móviles de UIT

ZDnet: Could Tower-Sharing Be the Solution to Rural Networks' Problems? (Las torres compartidas, ¿pueden ser la solución para los problemas de las redes en áreas rurales?)

Análisis de la London Business School: Indus Towers — The India Way of Business (Indus Towers: así son los negocios en India)

Más a fondo

Tipos de infraestructuras compartidas

Las infraestructuras se pueden compartir de forma pasiva o activa. El enfoque pasivo incluye ubicaciones compartidas, en las que los operadores utilizan los mismos componentes físicos, pero cuentan con diferentes mástiles, antenas, armarios y backhaul. Un ejemplo habitual son las instalaciones compartidas en tejados. Los problemas que puede suponer este enfoque incluyen la disponibilidad de espacio y los derechos de propiedad. Un segundo tipo de enfoque pasivo es la compartición de mástiles, donde las antenas de diferentes operadores se ubican en el mismo mástil o estructura de antenas, aunque los equipos de transmisión de radio siguen siendo independientes.

En el enfoque activo, los operadores pueden compartir la red de acceso de radio (RAN) o la red central. La RAN compartida puede generar algunos problemas operativos y de arquitectura. Para un enfoque compartido total, los operadores también comparten las funciones principales, lo que supone un mayor esfuerzo y alineación por parte de los operadores, especialmente en lo que respecta a la compatibilidad entre las plataformas tecnológicas de los operadores.

La infraestructura compartida optimiza la utilización de los activos, reduce los costos y evita la duplicación de infraestructuras (en línea con los objetivos urbanísticos locales y nacionales).

Mástil compartido

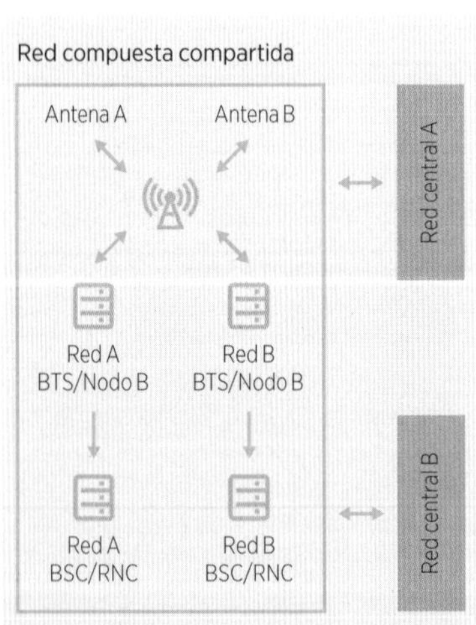

Ubicación compartida

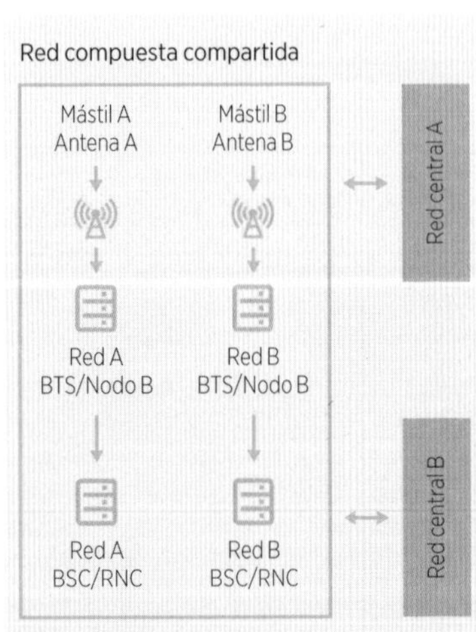

También puede:

- Reducir el tiempo necesario para adquirir la ubicación.
- Acelerar la implementación de la cobertura en áreas geográficas con un nivel de servicio bajo.
- Reforzar la competencia.
- Reducir el número de ubicaciones de antenas.
- Reducir la energía y la huella de carbono de las redes móviles.
- Reducir el impacto medioambiental de la infraestructura móvil sobre el paisaje.
- Reducir los costos para los operadores.

RAN completa compartida

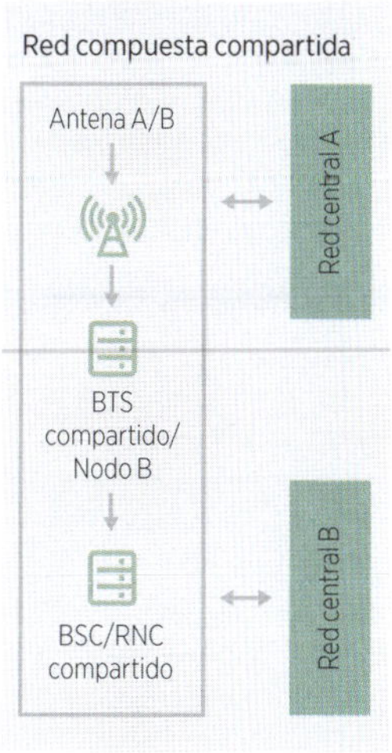

Elementos y plataformas de red central compartidos

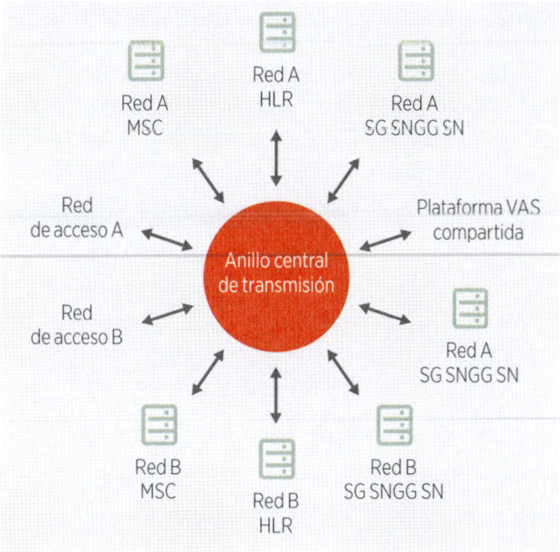

Fuente: GSMA

Derechos de propiedad intelectual — derechos de autor

Antecedentes

Los derechos de autor son la base para que profesionales creativos, tales como artistas, músicos, escritores, cineastas y compositores, generen ingresos, obtengan reconocimiento y reciban protección para sus obras. La intención original de los derechos de autor fue fomentar el desarrollo de nuevos trabajos creativos. Este sigue siendo el caso hoy en día, pero la aparición de la tecnología digital ha cambiado radicalmente la forma en que el contenido creativo se produce, distribuye y los consumidores tienen acceso a ellos. Las disposiciones en materia de derechos de autor de la Unión Europea del 2001 son obsoletas y el debate sobre la forma de adaptarlos mejor a las realidades del mundo digital actual ha estado ocurriendo constantemente desde hace años.

Las opiniones acerca de este debate son muy variadas. Los titulares de los derechos propugnan que haya leyes contundentes y que se busque la colaboración de los proveedores de servicios de Internet y las compañías de telecomunicaciones en la lucha contra la piratería. Las organizaciones de la sociedad civil que defienden los derechos fundamentales de los consumidores (libertad de expresión y acceso a Internet) se oponen firmemente a cualquier medida que busque combatir la piratería. Las entidades de recaudación, que tienen la potestad de licenciar obras con copyright y cobrar derechos de autor como parte de las licencias obligatorias o las licencias individuales negociadas en nombre de sus miembros, se oponen a la reforma del otorgamiento de licencias de contenido y defienden las licencias nacionales.

En septiembre de 2016, como parte de su estrategia de Mercado Único Digital, la Comisión Europea publicó sus propuestas largamente esperadas sobre las disposiciones de derechos de autor y, también, acerca de la modernización de los derechos de transmisión. Asimismo, se presentó una propuesta sobre la portabilidad transfronteriza temporal de contenidos dentro de la UE. Se pueden prever animados debates en el Parlamento Europeo y el Consejo.

Debate

¿Debe esperarse que los operadores de redes móviles controlen y solucionen el uso ilegal de contenidos con derechos de autor de su red?

¿Es un gravamen a los dispositivos un método legítimo de compensar a artistas y editores por sus trabajos creativos?

¿Cuál es el método idóneo para que Europa y otras regiones habiliten la propiedad intelectual para que la usen suscriptores móviles de distintos países?

Posición de la industria

La industria móvil reconoce la importancia de ofrecer una compensación apropiada a los titulares de los derechos, así como de prevenir la distribución no autorizada. La ampliación del mercado de contenidos legítimos es fundamental para combatir el intercambio ilegal de archivos.

Los proveedores de servicios de comunicaciones, incluidos los operadores móviles y los proveedores de servicios de Internet, no deberían ser considerados responsables de los contenidos ilegales o pirateados desde sus redes y servicios, siempre que no sean conscientes de su presencia y sigan ciertas reglas para retirar o desactivar el acceso a los contenidos ilegales apenas sean notificados por la autoridad competente.

El desarrollo de nuevos modelos de licencia de contenidos debe recaer sobre los titulares de los derechos. Las obligaciones de monitorear la piratería impuestas a los ISP, si se usan, deberían ser muy leves.

Ni los impuestos a los dispositivos ni una "licencia mundial" constituyen el instrumento de política adecuado para compensar a los titulares de los derechos por la piratería. Es necesaria una reforma del sistema de licencias de contenido para facilitar el surgimiento de nuevos modelos de negocio para los titulares de los derechos y los usuarios comerciales, y ofertas de contenidos atractivas para los consumidores.

Recursos:

Sitio web de la Modernización de las reglas en materia de derechos de autor de la UE llevada a cabo por la Comisión Europea

MEP Julia Reda: Informe de evaluación de derechos de autor de la UE: texto vigente completo

Sitio web de la Gestión de Derechos de Autor y Directiva de Derechos Conexos de la Comisión Europea

Sitio web de la Directiva sobre obras huérfanas de la Comisión Europea

Derechos de propiedad intelectual — patentes

Antecedentes

El ecosistema móvil ha sido un importante motor del progreso económico y el bienestar a nivel mundial. En el período de aquí al 2020, la contribución de las comunicaciones móviles crecerá a un ritmo más rápido que el resto de la economía mundial, lo que contribuye al 4,2 por ciento del PIB del mundo a finales de la década. Sin los inmensos esfuerzos de la comunidad de operadores móviles, muchas de las tecnologías adoptadas en 2G, 3G y 4G no se habrían desarrollado, ejecutado o adoptado con éxito en una escala masiva.

En ningún momento de la historia la tecnología de las telecomunicaciones tuvo un mayor impacto en la vida de las personas que en el presente. El público se ha vuelto muy dependiente de la tecnología de telecomunicaciones móviles y las capacidades de los operadores móviles para ofrecer este tipo de servicios. Los servicios de telecomunicaciones móviles prestados por la comunidad de operadores se han tornado fundamentales para la existencia cotidiana.

Mientras tanto, en los últimos años, hemos visto cambios radicales en la concesión de licencias de la tecnología de las telecomunicaciones (es decir, el uso principal de las carteras de patentes en las telecomunicaciones). Inicialmente, las patentes se utilizaron para preservar la "libertad de acción" de una empresa (es decir, su capacidad para comercializar sus productos mediante la búsqueda de licencias cruzadas de gran tamaño en la cartera). Cada vez más, las patentes se han tornado en activos negociables y de generación de ingresos (a través del "Mercado de patentes secundarias"), capaces de interponerse contra la creación de emprendimientos, empresas pequeñas y grandes, y, en algunos casos específicos, de sofocar a la competencia.

Debate

Ahora que las patentes se han convertido en un bien comerciable y de generación de ingresos, ¿pueden todavía considerarse como una herramienta para respaldar y promover la innovación?

¿Las Entidades de Aserción de Patentes (PAE, por sus siglas en inglés) tienen un efecto negativo sobre la competencia?

Posición de la industria

El mercado de patentes secundarias ha fomentado en gran medida el surgimiento de entidades no innovadoras, no practicantes, de monetización y concesión de patentes, o entidades de cumplimiento, conocidas como Entidades de Aserción de Patentes. Por lo general, las entidades de Aserción de Patentes se dedican a la compra de patentes para luego enfocarse en litigios agresivos contra fabricantes y operadores que ya utilizan la tecnología, en lugar de desarrollar y conceder licencias para el uso de la tecnología.

Desafortunadamente, la complejidad de las redes de los operadores móviles, la escala de las inversiones necesarias para su desarrollo, el nivel de ingresos generados por ellas y la dependencia de estas redes en la tecnología basada en estándares, ha hecho que los operadores de redes móviles sean un objetivo prioritario para los llamados trolls de patentes en Europa, América y Asia.

Los diversos costos asociados tanto con la ligadura de Entidades de Aserción de Patentes y su uso de la amenaza de órdenes judiciales como recurso de aprovechamiento en las demandas por tasas de concesión de licencia desproporcionadamente altas, están teniendo un efecto muy negativo no solo en el negocio de los operadores de redes móviles afectados, sino también en la innovación y la estandarización de las telecomunicaciones móviles, así como el futuro de las redes de los operadores móviles en general.

A la luz del entorno cada vez más litigante que resulta del modelo de negocio utilizado por las Entidades de Aserción de Patentes y el carácter contradictorio de las negociaciones de concesión de licencias asociadas, existe la necesidad de una mayor claridad en relación con la concesión y adjudicación de licencias de tales casos de Entidades de Aserción de Patentes, tanto para los licenciatarios como para los ejecutores. Esto debe tener en cuenta:

- La fuerte dependencia del público en la tecnología de telecomunicaciones móviles y las capacidades de los operadores móviles para ofrecer este tipo de servicios.
- El hecho de que la interrupción de estos servicios, aunque sea en parte, tendrá un efecto muy negativo en la vida de las personas.
- La importancia de mantener la integridad de los servicios de telecomunicaciones móviles y garantizar la inversión continua y la adopción de nuevas tecnologías en el mercado de las telecomunicaciones.
- La necesidad de incorporar reglas y regulaciones adecuados en los marcos pertinentes que rigen la solicitud y concesión de las medidas cautelares en casos de aserción desleal de patentes con el fin de permitir que el poder judicial tenga en cuenta los puntos anteriores.

Recursos:
Informe de la Comisión Europea: Entidades de aserción de patentes en Europa

Roaming móvil internacional

Antecedentes

El roaming móvil internacional (RMI) permite a los clientes seguir utilizando su dispositivo móvil para realizar y recibir llamadas de voz, y enviar mensajes de texto y correo electrónico, así como para hacer uso de Internet en el extranjero.

Los reguladores de las telecomunicaciones y los responsables de políticas han expresado su inquietud acerca de los precios del RMI y la falta de transparencia en los precios, que pueden dar lugar a facturas exorbitantes inesperadas (bill shock).

En diciembre de 2012, durante la revisión de las regulaciones de telecomunicaciones internacionales (ITR, por sus siglas en inglés) por parte de la Unión Internacional de Telecomunicaciones (UIT), varios gobiernos solicitaron que el tratado revisado incluyese cláusulas de transparencia y regulación de los precios del roaming móvil. Sin embargo, en general, los Estados Miembros de la UIT concluyeron que los precios del roaming debía determinarlos la competencia, no la regulación, por lo que se incluyó un texto en el tratado para reflejar este punto de vista.

La Unión Europea cuenta con una regulación sobre roaming desde 2007. Las últimas regulaciones prohíben la aplicación de recargos por roaming al por menor a los precios internos en toda la UE desde mediados de junio de 2017, siempre que se haya completado el análisis del mercado de roaming mayorista antes de esa fecha. Los operadores pueden implementar "políticas de uso justo" para prevenir el abuso de los servicios de roaming regulados.

Los casos de bill shock y ciertas tasas de roaming especialmente elevadas también han atraído la atención de instituciones internacionales como la Organización para la Cooperación y el Desarrollo Económico (OCDE) y la Organización Mundial del Comercio (OMC). Asimismo, ya se han introducido medidas regulatorias regionales y bilaterales en muchas jurisdicciones, o se está sopesando su introducción.

Debate

Algunos hacedores de políticas públicas opinan que ciertos precios del RMI son demasiado altos. ¿Es la intervención regulatoria la forma adecuada de solucionarlo?

¿Qué medidas pueden adoptarse para aliviar las inquietudes en relación con la transparencia de los precios, los casos de bill shock y el nivel de los precios?

¿Qué otros factores que afectan a los precios del roaming necesitan tener en cuenta los responsables de las políticas públicas?

Posición de la industria

El roaming móvil internacional es un servicio valioso que se presta dentro de un mercado competitivo. La regulación de precios no es apropiada, puesto que el mercado está continuamente introduciendo muchas soluciones nuevas.

La industria móvil aboga por una estrategia en tres fases para aliviar las inquietudes acerca de los precios del roaming internacional:

- **Transparencia.** En junio de 2012, la GSMA introdujo su programa de transparencia en el roaming de datos móviles, el Mobile Data Roaming Transparency Scheme, un compromiso voluntario de los operadores móviles para brindar a los consumidores más visibilidad sobre el costo del roaming y el uso de los servicios de datos móviles en el extranjero.

- **Eliminación de barreras estructurales.** Los gobiernos y los reguladores deberían eliminar las barreras que incrementan los costos y ocasionan diferencias de precios entre países. Las barreras son la doble imposición, los monopolios de puertas de enlace internacional y el fraude, todo lo cual debe desaparecer antes de que pueda considerarse cualquier forma de regulación de los precios del RMI.

- **Regulación de precios.** Los gobiernos y los reguladores solo deberían plantearse regular los precios como último recurso, después de que la aplicación de medidas de transparencia y modelos innovadores de precios de RMI hayan resultado insuficientes para solucionar las quejas de los consumidores y después de eliminar barreras estructurales. Los costos y los beneficios de la regulación se deben evaluar cuidadosamente, teniendo en cuenta factores económicos singulares, como las variaciones nacionales de ingresos, PIB, inflación, tipos de cambio, tasas de penetración móvil y el porcentaje de población que viaja internacionalmente, así como la incidencia de los viajes internacionales a países vecinos, todo lo cual afecta a los precios del RMI.

La industria móvil es muy competitiva, está en proceso de maduración y es uno de los sectores más dinámicos en todo el mundo. En la última década, la competencia entre operadores móviles ha dado como resultado innovaciones rápidas, precios más bajos y una amplia selección de paquetes y servicios para los consumidores. Imponer regulación de roaming a los operadores móviles no solo reduce los ingresos y aumenta los costos, sino que además disuade las inversiones.

Recursos:
Sitio web sobre Roaming de la GSMA
Documento informativo de la GSMA: Overview of International Mobile Roaming (Análisis general del roaming móvil internacional)

Tasas de terminación móvil

Antecedentes

Las tasas de terminación móvil son las tarifas que los operadores aplican para conectar una llamada telefónica originada en otra red.

El establecimiento de tasas de terminación móvil reguladas sigue siendo el centro de atención de la regulación, tanto en los países desarrollados como en los países en desarrollo, con la creación de muchos enfoques diferentes para el cálculo de las tasas de terminación apropiadas.

En general, los reguladores han llegado a la conclusión de que ofrecer servicios de terminación de llamadas en una red móvil individual es, de hecho, un monopolio. Por consiguiente, dado que cada operador disfruta de un poder considerable en el mercado, los reguladores han desarrollado diversas regulaciones, principalmente el requisito de definir precios orientados al costo para la terminación de llamadas.

Debate

¿Cómo se debería calcular la tasa regulada apropiada para la terminación de llamadas?

¿Es el impulso hacia tasas de terminación cada vez más bajas, especialmente en Europa, una actividad productiva y apropiada para los reguladores?

Una vez que las tasas de terminación caigan por debajo de un determinado umbral, ¿es productivo continuar con la regulación?

¿Qué rol a largo plazo desempeñan las tasas de terminación reguladas en un entorno enteramente IP?

La intervención en un mercado competitivo es mucho más compleja y difícil que la regulación tradicional de los servicios públicos que se aplica normalmente a los monopolios del gas, la electricidad o las telecomunicaciones de línea fija. En el sector móvil todas las acciones deben calibrarse con mucha mayor precisión. Las ventajas de la intervención son más ambiguas y los errores son más costosos.

— Stewart White, ex director de políticas públicas, Vodafone

Posición de la industria

Las tasas de terminación móvil reguladas deberían reflejar con precisión los costos de ofrecer servicios de terminación.

Más allá de cierto punto, la evidencia sugiere que poner el foco en la reducción continua de las tasas de terminación móvil no es beneficioso.

El contexto de las tasas de terminación reguladas es complejo y requiere un análisis de costos detallado, así como una cuidadosa consideración del impacto sobre los precios para el consumidor y, en términos generales, sobre la competencia.

Las tasas de terminación móvil son tasas mayoristas, reguladas en muchos países, en los que se ha establecido un calendario de modificaciones anuales de las tarifas que los operadores de redes móviles tienen en cuenta en su modelo de negocio. Las alteraciones repentinas y no anticipadas de esas tarifas pueden tener un efecto negativo sobre la confianza de los inversionistas.

La GSMA considera que la definición de las tasas de terminación móvil se realiza mejor a nivel nacional, donde las peculiaridades del mercado local pueden reflejarse adecuadamente en el análisis de costos; por lo tanto, la intervención extraterritorial no es apropiada.

Recursos:

Informe de Vodafone: The Impact of Recent Cuts in Mobile Termination Rates Across Europe (Impacto de los recientes recortes de las tarifas en Europa)

Informe GSMA: The Setting of Mobile Termination Rate (Fijación de la tasa de terminación móvil)

Informe GSMA: Comparison of Fixed and Mobile Cost Structure (Comparación de estructura de costos de servicios fijos y móviles)

Informe de Vodafone: Regulating Mobile Call Termination (Regulación de la terminación de llamadas en redes móviles)

Estudio de caso

Impacto de las reducciones aceleradas de las tasas de terminación móvil en Europa

En 2009, la Comisión Europea recomendó la reducción acelerada de las tasas de terminación móvil y propuso que los Estados Miembros implementasen tasas basadas en el costo incremental a largo plazo (LRIC, por sus siglas en inglés) puro. En su razonamiento, la Comisión Europea sugirió que recortar las tasas de terminación móvil reducirían los precios de las comunicaciones móviles e incrementaría así su uso, contribuyendo al mismo tiempo a que los operadores de redes móviles más pequeños fuesen más competitivos con sus precios.

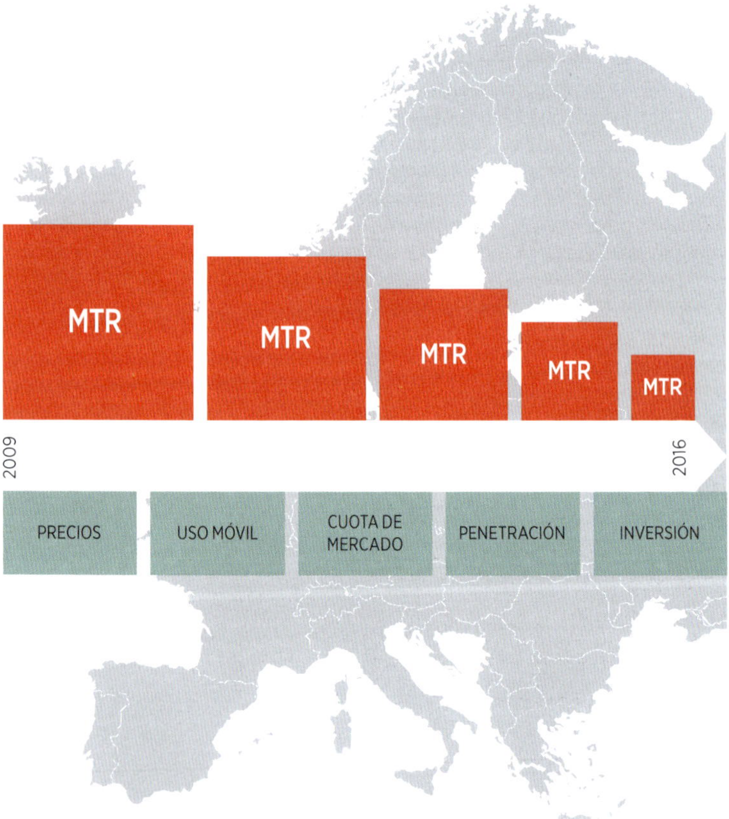

En 2012, Vodafone encargó a Frontier Economics que determinase si la política, en la medida en que se ha aplicado en los países de la UE, había surtido el efecto deseado. Entre los hallazgos del informe se encuentran los siguientes:

1. No hay indicios de que los recortes acelerados de las tasas de terminación móvil hayan conducido a la reducción de los precios móviles.

Aunque los precios de las comunicaciones móviles han bajado en Europa, no hay nada que respalde la idea de que esto se haya debido a los recortes de las tasas de terminación móvil.

2. No hay indicios de que los recortes de las tasas de terminación móvil estén incrementando el uso.

Desde 2009, ni el uso ha aumentado a un ritmo acelerado, ni los países donde los recortes de las tasas de terminación móvil han sido mayores han experimentado mayores incrementos de uso.

3. Los indicios de cualquier relación entre las reducciones de las tasas de terminación móvil y la cuota de mercado de los operadores más pequeños son limitados.

Si bien prácticamente todos los operadores móviles más pequeños experimentaron un incremento de su cuota de mercado, no se ha observado una relación con las reducciones de las tasas de terminación móvil.

4. Los recortes acelerados de las tasas de terminación móvil podrían ser perjudiciales para las inversiones en la red y la penetración móvil.

Aunque es demasiado pronto para concluir si los recortes de las tasas de terminación móvil están siendo negativos o no, hay indicios de un efecto adverso sobre la penetración móvil y la inversión.

Fuente: Frontier Economics, «The Impact of Recent Cuts in Mobile Termination Rates Across Europe» (Impacto de los recientes recortes de las tarifas en Europa), mayo 2012

Neutralidad de la red

Antecedentes

En 1973, se empezó a trabajar para establecer una red de redes global, un proyecto de «internetworking» (trabajo entre redes) que se convertiría en Internet. El objetivo era diseñar una red que se mantuviese a sí misma y que fuese capaz de ejecutar aplicaciones que aún no se habían diseñado. La solución fue simple y se basó en dos principios: que no debía existir un control centralizado y que la red no se podía optimizar para ninguna aplicación en particular.

El debate actual sobre la neutralidad de la red ha evolucionado a partir de estas dos reglas. Las redes que se conectaron a Internet debían comunicarse utilizando protocolos comunes, principalmente los protocolos de control de transición y el protocolo Internet (TCP/IP), una arquitectura que proporcionaba el mejor desempeño de la red y asumía que la inteligencia residiría en las aplicaciones o en la interfaz de usuario (es decir, en las terminales de computadora).

Aunque no existe una única definición de «neutralidad de la red», la expresión se emplea a menudo para hacer referencia a los problemas relacionados con la optimización del tráfico que circula en las redes. Hay quienes afirman que es necesario establecer por ley que todo el tráfico que circule por una red reciba, esencialmente, el mismo tratamiento. Otros opinan que la flexibilidad de ofrecer distintos niveles de servicio para diferentes aplicaciones mejora la experiencia de usuario.

Los operadores móviles se enfrentan a retos técnicos y operativos únicos a la hora de proporcionar un acceso rápido y fiable a Internet a sus clientes, debido al uso compartido de los recursos de la red y a la disponibilidad limitada de espectro.

A diferencia de las redes de banda ancha fija, donde un número conocido de suscriptores comparte la capacidad en una determinada área, la demanda de capacidad en cualquier célula es mucho más variable, ya que el número y combinación de suscriptores cambia de forma constante, en ocasiones, de forma impredecible. El ancho de banda disponible también puede fluctuar debido a variaciones en la potencia y calidad de la señal de radiofrecuencia, que puede verse afectada por las condiciones meteorológicas, el tráfico, la velocidad y la presencia de dispositivos que interfieran con la señal, como micrófonos inalámbricos.

No todos los tipos de tráfico imponen las mismas demandas a la red. El tráfico de voz, por ejemplo, depende esencialmente del tiempo, mientras la transmisión de vídeo requiere normalmente grandes cantidades de ancho de banda. Las redes deben ser capaces de aplicar técnicas de gestión de la red que garanticen que cada tipo de tráfico encuentre su acomodo.

Del mismo modo que los proveedores de contenidos ofrecen servicios diferenciados —como contenidos estándar y premium a precios diferentes, los operadores de redes móviles ofrecerán diferentes productos de banda ancha para satisfacer las diferentes necesidades de los consumidores. Los clientes se están beneficiando de estas soluciones a medida; solamente aquellos que quieran usar servicios premium tendrán que pagar los costos relacionados.

— GSMA

Debate

¿Deberían las redes poder gestionar el tráfico y dar prioridad a un tipo de tráfico o de aplicación por encima de otro?

En el caso de las redes móviles, que tienen una capacidad finita, ¿se deberían aplicar las mismas reglas que a las líneas fijas?

En algunos casos, se están sopesando medidas de neutralidad de la red anticipándose a problemas que aún no se han manifestado. ¿Es esta una forma adecuada de abordar la regulación?

Posición de la industria

Para satisfacer las diversas necesidades de los consumidores, los operadores de redes móviles necesitan contar con la capacidad de gestionar de forma activa el tráfico de red.

Es importante que Internet siga siendo una red abierta. Para asegurarnos de que permanezca abierta y funcional, los operadores deben contar con la flexibilidad necesaria para diferenciar entre distintos tipos de tráfico.

La regulación que afecta a la gestión que los operadores de red hacen del tráfico móvil es innecesaria. Cualquier regulación que limite su flexibilidad para gestionar la calidad del servicio de principio a fin y ofrecer a los consumidores una experiencia satisfactoria de acuerdo con sus preferencias es intrínsecamente contraproducente.

Al reflexionar sobre el problema, los reguladores deberían considerar las diferencias entre redes fijas y móviles e incluir en su reflexión las diferencias tecnológicas y el impacto de las características de radiofrecuencia.

Los consumidores deberían tener la capacidad de elegir entre distintos proveedores de servicios que compitan entre sí, basándose en una comparación transparente de las diferencias de desempeño que existan entre ellos.

Los operadores móviles compiten en muchos aspectos diferentes, como los precios de los paquetes de servicios y dispositivos, los diferentes planes de llamadas y datos, aplicaciones y funciones innovadoras, y la calidad y cobertura de sus redes. El elevado nivel de competencia en el mercado de la telefonía móvil ofrece grandes incentivos para garantizar que los clientes sigan disfrutando de las ventajas de una red de Internet abierta.

Recursos:
Sitio web de la Neutralidad de la red de la GSMA
Archivo FCC: GSMA Comments on the Open Internet Proceeding (Comentarios de la GSMA sobre el proceso acerca de una Internet abierta), 15 de julio de 2014

Más a fondo

La gestión del tráfico es una herramienta eficaz y necesaria

El crecimiento del tráfico, el despliegue de tecnologías de la próxima generación y el surgimiento de nuevos tipos de servicio suponen un gran reto para los operadores de redes móviles: cómo gestionar distintos tipos de tráfico en una red compartida y, al mismo tiempo, proporcionar a los suscriptores una calidad de servicio satisfactoria que tenga en cuenta las distintas necesidades de los consumidores y los diferentes atributos del servicio.

Cuando la capacidad es finita, las redes se congestionan. Los operadores móviles utilizan técnicas de gestión del tráfico para gestionar eficazmente los recursos de la red, incluido el espectro, y para dar cabida a múltiples usuarios y servicios en sus redes. La gestión de la congestión es esencial para evitar que la red falle cuando se produzcan picos de tráfico y para garantizar el acceso a servicios esenciales.

Las técnicas de gestión del tráfico se aplican a las distintas capas de la red, como el control de la admisión, la programación de paquetes y la gestión de cargas. Además, los operadores necesitan dar satisfacción a las distintas preferencias de los consumidores, para garantizar que estos puedan acceder a los servicios que demandan. La gestión del tráfico es por lo tanto una herramienta eficaz y necesaria para que los operadores gestionen el flujo del tráfico a través de su red y proporcionen resultados equitativos a todos los consumidores.

Los operadores móviles necesitan suficiente flexibilidad para experimentar y establecer nuevos modelos de negocio que alineen los incentivos de la inversión con los desarrollos tecnológicos y del mercado, creando así valor adicional para sus clientes. A medida que los modelos operativos y de negocio de las redes evolucionen, irán emergiendo un gran número de servicios y negocios innovadores.

El mercado competitivo actual ofrece opciones, innovación y rentabilidad a los consumidores. No se necesitan más intervenciones de carácter regulatorio en relación con la prestación de los servicios basados en IP. El entorno comercial, operativo y tecnológico en el que operan estos servicios sigue desarrollándose. Cualquier intervención probablemente afectaría a su desarrollo en un contexto competitivo.

Las técnicas de gestión del tráfico son necesarias y apropiadas en distintas circunstancias operativas y comerciales:

Integridad de la red

Protección para la red y los clientes frente a amenazas externas como el malware o los ataques de denegación de servicios.

Child protection (Protección infantil)

Aplicación de filtros de contenidos que circunscriban el acceso a los contenidos apropiados para la edad del usuario.

Servicios activados por la suscripción

Adopción de medidas apropiadas cuando un cliente supere los límites contractuales de uso de datos; u oferta de modalidades de facturación que permitan a los clientes seleccionar el servicio o aplicaciones que deseen.

Llamadas de emergencia

Enrutamiento de llamadas a los servicios de emergencia.

Requisitos de prestación

Priorización de los servicios en tiempo real, como las llamadas de voz, así como tener en cuenta la importancia esencial del factor tiempo en servicios como el monitoreo de alarmas remotas.

Aplicaciones «over-the-top» de comunicaciones de voz y mensajería

Antecedentes

La combinación de acceso móvil de banda ancha, smartphones y la tecnología de Internet ha supuesto la irrupción de una nueva generación de servicios de comunicación mediante voz y mensajería proporcionados por empresas de Internet, a menudo denominadas proveedores de servicios «over-the-top» (OTT). Estos servicios ofrecen a los consumidores opciones adicionales a la hora de comunicarse entre ellos. De acuerdo con un estudio del sector, el volumen de mensajes instantáneos en todo el mundo de los proveedores OTT ya supera el de SMS. El estudio también muestra que las comunicaciones de voz sobre IP (VoIP) actualmente representan más del 40 por ciento del tráfico de voz internacional. Impulsando estas tendencias, los proveedores OTT están desarrollando cada vez más técnicas para influir en las decisiones de los usuarios a la hora de realizar sus llamadas y enviar sus mensajes a través de la red PSTN o de Internet.

Los servicios de comunicaciones OTT se suelen ofrecer en competencia, y como sustitutos directos, de los servicios de voz y SMS de circuitos conmutados suministrados por los operadores móviles, aunque normalmente no están correctamente considerados en los análisis de mercado realizados por los reguladores. Debido a la naturaleza global de Internet y puesto que no se consideran como equivalentes a los servicios de comunicación tradicionales, muchos servicios de comunicaciones OTT han podido situarse fuera del alcance de las obligaciones regulatorias y fiscales, nacionales o regionales, específicas del sector (por ejemplo, privacidad de datos, interceptación legal, llamadas de emergencia, contribución al servicio universal, tasas nacionales específicas, derechos del consumidor y calidad del servicio) que se han establecido para proteger a los consumidores y para garantizar que todos los proveedores realicen una contribución justa y proporcionada al crecimiento económico local mediante inversiones, empleo e impuestos.

A medida que los servicios de comunicaciones OTT se van haciendo más populares, hacen que cada vez sean más injustificadas las regulaciones que abordan los problemas derivados de los cuellos de botellas en las redes, como en el caso de la terminación y el roaming.

Debate

¿Los servicios OTT deberían estar sometidos a las mismas obligaciones regulatorias que se aplican a las llamadas y mensajes a través de la red PSTN?

El hecho que los proveedores OTT estén situados actualmente fuera del alcance de las regulaciones específicas del sector, ¿les proporciona una ventaja competitiva respecto al resto de proveedores de telecomunicaciones tradicionales?

Todo el mundo sabe que, actualmente, con los proveedores de servicios de telecomunicaciones y los proveedores OTT se mantiene una relación de desequilibrio, y que debemos encontrar un equilibrio más adecuado.

— Vicepresidente de la Comisión Europea, Andrus Ansip, marzo de 2015

Posición de la industria

La industria móvil apoya y promueve una competencia justa como el mejor modo de estimular la innovación y la inversión en beneficio de los consumidores y para fomentar el crecimiento económico, y cree que la mejor respuesta a estos objetivos se consigue siguiendo el principio de «Mismas reglas para el mismo servicio». El crecimiento de la competencia entre diferentes tipos de proveedores de servicios invita a que todos los actores compartan las mismas reglas, y que estas sean menos estrictas que las aplicables en entornos menos competitivos.

El principio de «Mismas reglas para el mismo servicio» sostiene que donde se considere necesaria la regulación, todos los servicios de voz y mensajería para consumidores que sean equivalentes deberían estar sometidos a las mismas obligaciones regulatorias y fiscales, sea cual sea la tecnología subyacente, el origen geográfico o si se ofrecen a través de un operador móvil o de un proveedor de servicios OTT. Esto ayudará a mejorar la confianza de los consumidores a la hora de utilizar los servicios ofrecidos a través de Internet al garantizar un enfoque consistente en asuntos como la transparencia, la calidad del servicio y la privacidad de datos. Una aplicación consistente de las obligaciones regulatorias también supondrá un respaldo para las actividades de aplicación de las leyes y seguridad nacional.

Aunque se deberían aplicar las mismas reglas a los mismos servicios, dichas reglas no tienen que ser necesariamente las que se aplican actualmente a los servicios de telecomunicaciones. Existe la necesidad de establecer un marco regulatorio más avanzado para los servicios de comunicaciones, más adecuado al mundo digital. Este marco debe fundamentarse en exigencias políticas claras relativas a la protección al consumidor, la innovación, la inversión y la competencia.

Mediante la adopción de un marco de políticas basado en el principio de «Mismas reglas para el mismo servicio», y reconociendo adecuadamente la limitación competitiva impuesta a los operadores de redes móviles por el hecho de que los proveedores OTT actúan en estos momentos siguiendo reglas diferentes, los gobiernos y reguladores nacionales estarán permitiendo un entorno de competencia justa y sostenible, que promueva los intereses de los consumidores y que fomente el crecimiento económico.

Recursos:
Informe y base de datos de TeleGeography: 2014
Informe de Deloitte: Predicciones de Tecnología, Medios y Telecomunicaciones en 2016

Proveedores de infraestructura pasiva

Antecedentes

Muchos operadores móviles cuentan con acuerdos comerciales para compartir infraestructuras, de modo que puedan reducir sus costos, evitar duplicaciones innecesarias y ampliar la cobertura de forma rentable en áreas rurales.

La infraestructura que se comparte con más frecuencia son las infraestructuras pasivas, que pueden incluir: terreno, derechos de paso, conductos, zanjas, torres, mástiles, fibra oscura y fuentes de alimentación, todos ellos elementos que permiten el uso de los componentes activos de la red necesarios para la transmisión y recepción de señales.

La compartición de infraestructura se establece mediante acuerdos entre los operadores de redes móviles para compartir torres específicas, alianzas estratégicas de elementos compartidos, formación de empresas conjuntas de infraestructuras entre operadores móviles o a través de empresas independientes que proporcionan las torres y otras infraestructuras pasivas.

Cada vez hay más empresas independientes de torres que ofrecen sus torres de forma compartida a los operadores de redes. Algunos países han establecido marcos reguladores basados en el registro que fomentan los acuerdos para compartir infraestructuras pasivas y que proporcionan claridad regulatoria a los proveedores independientes de infraestructuras pasivas. Aunque la mayoría de los entes reguladores de casi todos los países fomentan los acuerdos para compartir infraestructuras pasivas, existe una falta de claridad regulatoria en algunos países, en especial en relación con las empresas independientes de torres.

Debate

¿Qué ventajas ofrecen las empresas independientes de torres a los operadores móviles?

Debería la compartición de infraestructura pasiva siempre ser establecida por los entes reguladores?

¿Qué pasos deberían seguir los entes reguladores para ofrecer claridad a las empresas de torres y a los operadores móviles?

Posición de la industria

Los operadores de redes con licencia deberían ser capaces de compartir infraestructura pasiva con otros operadores de redes con licencia y de subcontratar la infraestructura pasiva a proveedores de infraestructura pasiva sin necesidad de una autorización regulatoria.

Compartir la infraestructura pasiva mediante acuerdos comerciales permite a los operadores reducir el capital y los gastos operativos sin afectar los incentivos de inversión ni a su capacidad de diferenciarse e innovar.

La compartición de infraestructura proporciona una base para que el sector expanda la cobertura de forma rentable y rápida, al mismo tiempo que se mantienen los incentivos competitivos. Las regulaciones sobre la compartición de infraestructura pasiva deberían ser permisivas, pero no deberían exigir alcanzar este tipo de acuerdos.

En los mercados con estructuras de concesión de licencias que aún no permitan el funcionamiento de compañías independientes de torres, las autoridades regulatorias (o el departamento gubernamental responsable) debería permitir que las compañías de infraestructura pasiva independientes operen sin una autorización específica para el sector, o establecer un programa de registro para dichas compañías. El programa debería ser una autorización simple que proporcione una supervisión de los elementos relacionados con la planificación, al mismo tiempo que se realiza una distinción clara con la estructura de concesión de licencias aplicable a los proveedores de redes de comunicación electrónica y proveedores de servicios.

Los proveedores registrados deberían poder construir y adquirir infraestructuras pasivas que pudiesen ser compartidas con los operadores de redes, proporcionar (por ejemplo, vender o alquilar) elementos de la infraestructura pasiva a operadores con licencia y suministrar servicios auxiliares e instalaciones esenciales para la provisión de la infraestructura pasiva.

Los operadores de redes móviles deberían poder hacer uso de las infraestructuras de las compañías de infraestructuras pasivas mediante contratos comerciales sin una aprobación regulatoria explícita. Los acuerdos de compartición de infraestructura deberían regirse por las leyes comerciales y, por tanto, estar sujetos a evaluaciones en el marco de la legislación general sobre la competencia.

Las autoridades públicas deberían ofrecer a los operadores con licencia y a los proveedores de infraestructuras pasivas acceso a la propiedad pública y derechos de vía en términos y condiciones razonables. Los gobiernos que busquen apoyar el desarrollo de las infraestructuras nacionales deberían garantizar una aprobación rápida para la construcción de infraestructuras pasivas y las restricciones medioambientales deberían reflejar estándares aceptados en todo el mundo.

La tributación y las tasas impuestas a las compañías de torres independientes o infraestructura pasiva no deberían suponer una barrera para la evolución de este sector, haciendo posible un suministro de infraestructuras más eficaz y con menores costos.

Recursos:
Informe AT Kearney: The Rise of the Tower Business (El auge del negocio de las torres)
Noticias de Reuters: Bharti Airtel to Sell 3,100 Telecom Towers (Bharti Airtel pretende vender 3100 torres de telecomunicaciones)

Calidad de servicio

Antecedentes

La calidad del servicio de datos móviles se caracteriza por un pequeño número de parámetros importantes, en particular la velocidad, la pérdida de paquetes, la demora y el jitter. Se ve afectada por distintos factores como la intensidad de la señal, la carga de la red y el diseño del dispositivo del usuario y las aplicaciones.

Los operadores móviles deben gestionar cambios constantes en los patrones de tráfico y congestión. Estas fluctuaciones normales ocasionan oscilaciones en la calidad del servicio que reciben los clientes.

Algunas autoridades consideran que el caudal de datos de la conexión es un atributo importante de la calidad del servicio. Sin embargo, esta característica es también la más difícil de definir y de comunicar a los usuarios de servicios móviles. El caudal de datos del servicio móvil puede variar de forma drástica con el tiempo. Además no es el único atributo del producto que influye en la decisión del consumidor.

Debate

¿Es necesario que los reguladores establezcan objetivos específicos para la calidad de servicio de la red en mercados competitivos?

¿Es posible garantizar niveles mínimos de calidad en las redes móviles, cuya situación varía en el tiempo dependiendo del volumen de tráfico que transportan y de las condiciones locales específicas de propagación de la señal?

¿Qué enfoque regulatorio podrá al mismo tiempo proteger los intereses de los clientes de servicio móvil y no distorsionar el mercado?

Posición de la industria

Los mercados competitivos con mínima regulación son los que más capacidad tienen para ofrecer la calidad de servicio que esperan los clientes. La regulación para imponer una calidad de servicio mínima es desproporcionada e innecesaria.

La calidad del servicio experimentada por los consumidores móviles se ve afectada por muchos factores, algunos de los cuales están fuera del control de los operadores, tales como el tipo de dispositivo, la aplicación y el entorno de propagación. Definir objetivos de calidad específicos es desproporcionado y no es práctico.

Técnicamente, las redes móviles difieren de las redes fijas, puesto que dependen en mayor medida de recursos compartidos y les afecta más el tráfico.

Los operadores móviles necesitan gestionar patrones de tráfico y congestión constantemente cambiantes dentro de los límites impuestos por una red de capacidad finita en la que el tráfico de un usuario puede tener un impacto significativo en el desempeño global de la red.

El entorno comercial, operativo y tecnológico en el que se ofrecen los servicios móviles sigue evolucionando. Los operadores móviles deben contar con libertad para gestionar y priorizar el tráfico en sus redes. Una regulación rígida que establezca un nivel de calidad del servicio específico es innecesaria y probablemente influiría de forma negativa en el desarrollo de estos servicios.

Los mejores resultados se obtienen en mercados competitivos con ofertas comerciales diferenciadas e información que permita a los usuarios tomar decisiones informadas. Si las autoridades regulatorias están preocupadas por la calidad del servicio, deberían entablar un diálogo con el sector que permita alcanzar un equilibrio apropiado de transparencia sobre la calidad del servicio.

Recursos:
Documento de referencia de la GSMA: Definición de los parámetros de calidad de servicio y su cálculo
GSMA América Latina: Sitio web de Calidad de Servicio

Más a fondo

Una red de interconexiones

Ofrecer una calidad de servicio fiable es prioritario para los operadores móviles, puesto que les permite diferenciar el servicio de acceso a Internet que proporcionan del de sus competidores y satisfacer las expectativas de sus clientes. Sin embargo, los operadores móviles apenas tienen control sobre muchos de los parámetros que pueden afectar a la experiencia de sus suscriptores.

Entre otros, los siguientes factores están fuera del control de los operadores

Tipo de dispositivos y aplicaciones utilizadas.

Los patrones variables de uso de una célula de la red a diferentes horas del día.

Los movimientos y actividades de los usuarios móviles (desplazamientos, acontecimientos, accidentes).

Obstáculos y distancia entre el terminal y las antenas.

El clima (especialmente la lluvia).

Asimismo, la calidad del acceso a Internet de los usuarios depende de la calidad de cada una de las rutas que siguen los datos. El proveedor de servicios de internet solo puede controlar la calidad del servicio en su sección de la red.

Factores que afectan a la calidad del servicio de las tecnologías móviles

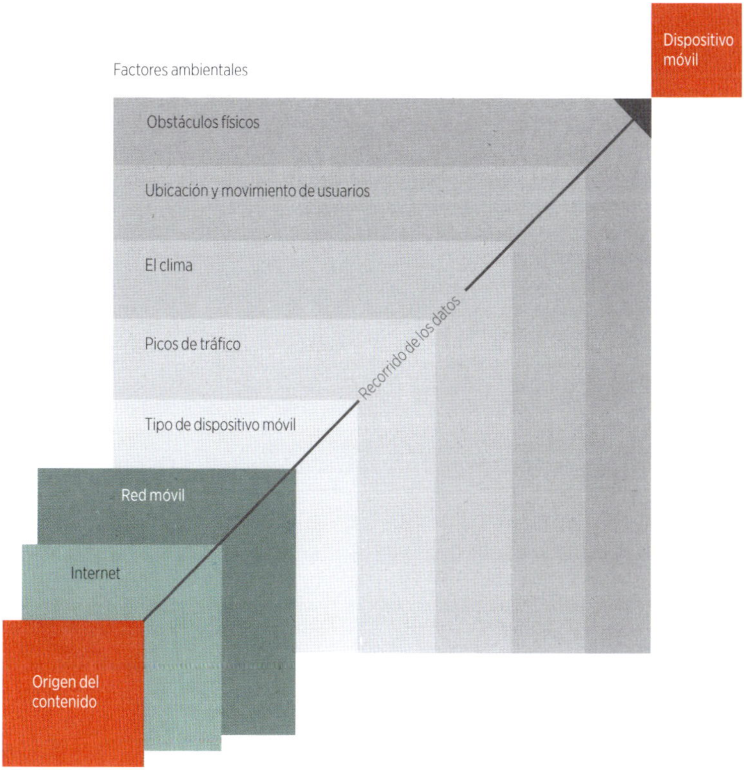

Por estos motivos, la regulación relativa a la calidad del servicio de Internet móvil puede ser contraproducente. La regulación que no considera la naturaleza de las redes móviles y el funcionamiento competitivo de estos servicios puede actuar como barrera para su desarrollo, acrecentando la brecha digital y conduciendo a un uso ineficiente del capital invertido en las redes.

Redes mayoristas únicas

Antecedentes

Los formuladores de políticas públicas de diferentes países están considerando la posibilidad de establecer una Red Mayorista Única (SWN, por sus siglas en inglés) en lugar de confiar en la competencia entre redes móviles para ofrecer servicios de banda ancha móvil en sus países. La mayoría de las propuestas especifica al menos la propiedad de la red y financiamiento parcial por parte del gobierno.

Aunque existen variaciones en las propuestas de redes mayoristas únicas discutidas por los diferentes gobiernos, las redes mayoristas únicas pueden definirse por lo general como monopolios de red iniciados por los gobiernos que obligan a los operadores móviles y a terceros a confiar en los servicios mayoristas proporcionados por las redes mayoristas únicas a la hora de prestar sus servicios y competir por los clientes minoristas.

Las redes mayoristas únicas representarían un cambio radical respecto al enfoque de la provisión de servicios móviles apoyado por los encargados de políticas públicas durante los últimos 30 años, es decir, conceder licencias a un número limitado de operadores de redes móviles en competencia, que suelen tener titularidad privada.

En el año 2000, había casi tantos países con una sola red móvil como países con varias redes en competencia. En la actualidad, solo 30 países, que representan menos del tres por ciento de la población mundial, cuentan con una sola red móvil. Desde el año 2000, la competencia entre redes ha generado un crecimiento y un nivel de innovación sin precedentes en los servicios móviles, especialmente en los países en desarrollo. Por ejemplo, el número de suscriptores móviles únicos casi se ha triplicado en los países desarrollados, pasando de 339 millones en el año 2000 a más de 880 millones en la actualidad, mientras que en los países en desarrollo el número de suscriptores ha pasado de 131 millones a más de 2500 millones.[1]

Aquellos que están a favor de las redes mayoristas únicas argumentan que pueden resolver algunos problemas mejor que con el modelo tradicional de competencia entre redes en algunos mercados. Estos problemas serían una cobertura inadecuada o lenta en áreas rurales, un uso ineficiente del espectro de radio y el hecho de que el sector privado no tenga incentivos para maximizar la cobertura o las inversiones.

Debate

¿Es posible que las redes mayoristas únicas aumenten la calidad y el alcance de la banda ancha móvil de última generación en comparación con el enfoque actual de competencia entre redes?

¿Qué políticas alternativas deberían tenerse en cuenta antes de adoptar un modelo de monopolio mediante red mayorista?

Posición de la industria

Las redes mayoristas únicas generarán peores resultados para los consumidores que la competencia entre redes.

Algunas personas afirman que las redes mayoristas únicas ofrecerán una mayor cobertura que la competencia entre redes. Sin embargo, esta afirmación a menudo refleja la existencia de subsidios públicos y otras formas de apoyo para las redes mayoristas únicas, que no están disponibles para los operadores de redes en competencia. Por lo tanto, esta afirmación es insostenible. La competencia entre redes puede ofrecer cobertura en áreas donde las redes duplicadas no son rentables mediante un sistema voluntario de redes compartidas y el incentivo comercial de ser el primero en hacer negocios en un área concreta.

Las ventajas de la competencia entre redes van más allá de la cobertura. La innovación es un motor importante de valor para el consumidor a nivel nacional, y esto se da en las redes, en los servicios y en los dispositivos. Mientras las tecnologías móviles se suelen desarrollar de forma internacional, la velocidad a la que están disponibles para los consumidores depende de las políticas nacionales y de las estructuras del mercado. En la práctica, las redes únicas han sido mucho más lentas a la hora de ampliar su cobertura, realizar actualizaciones e incorporar nuevas tecnologías como el 3G, y se puede esperar que las redes mayoristas únicas generen menos innovación que la competencia entre redes.

Para alcanzar los objetivos de sus defensores, las redes mayoristas únicas necesitarían evolucionar hacia monopolios regulados, lo que supondría peores resultados a largo plazo para los consumidores. Como monopolios, las redes mayoristas únicas siempre tendrán incentivos para mantener los precios altos y para reducir los gastos, incluyendo el despliegue de la red para aumentar la cobertura. Aunque la regulación puede intentar garantizar que las redes mayoristas únicas copiarán los resultados de un mercado competitivo, no lograrán este objetivo en su totalidad.

Las redes mayoristas únicas pueden coexistir durante algún tiempo con las redes existentes. Puesto que es probable que las redes mayoristas únicas sean financiadas por los gobiernos, esto probablemente provocará una distorsión en la competencia. La coexistencia también probablemente aumentará el nivel de incertidumbre, lo cual tendría un efecto reductor en las inversiones en servicios de banda ancha móvil.

Las evidencias sugieren que el diseño, financiación e implementación de las redes mayoristas únicas puede resultar dificultoso y que existe un riesgo importante de fracaso.

Aunque una red mayorista única financiada con fondos públicos puede ofrecer cobertura donde las redes en competencia y con capital privado no estarían dispuestas a expandirse, el enfoque correcto es considerar cómo se pueden utilizar los subsidios para ampliar los beneficios de la competencia entre redes a estas áreas. Esto puede lograrse de diferentes modos, incluyendo obligaciones de cobertura y otras formas de ayuda, como la concesión de contratos para cubrir áreas concretas utilizando fondos públicos.

[1] Fuente: GSMAi

Recursos:
Informe de GSMA y Frontier Economics: Assessing the Case for Single Wholesale Networks in mobile communications (Valoración del caso de Redes mayoristas únicas en las comunicaciones móviles)

Tributación

Antecedentes

El sector de las telecomunicaciones móviles tiene un efecto positivo sobre el desarrollo económico y social, crea puestos de trabajo, aumenta la productividad y mejora las vidas de los ciudadanos.

En muchos países, son los consumidores y operadores móviles quienes soportan la carga de los impuestos específicos del sector. Dicha carga incluye impuestos especiales de comunicación, como impuestos especiales sobre los terminales y el tiempo de llamada o impuestos a los operadores móviles sobre sus ingresos. Estos impuestos contribuyen a aumentar la elevada carga fiscal del sector móvil, que es superior a la de otros sectores.

Algunos países han aplicado recargos a la terminación de llamadas internacionales entrantes, que puede tener el efecto de incrementar el precio de las llamadas internacionales y actúa como un impuesto que recae sobre los ciudadanos de otros países.

Existe un consenso cada vez más amplio en todo el mundo que para los sistemas tributarios sean efectivos, se deberían seguir principios de mejores prácticas reconocidas internacionalmente.

Debate

¿Los impuestos específicos para el sector generan ingresos a corto plazo para los gobiernos a expensas de los ingresos adicionales a largo plazo, que podrían devengarse como resultado del incremento de su crecimiento económico?

Posición de la industria

Los gobiernos deberían reducir o eliminar los impuestos específicos al sector móvil. El impacto social a largo plazo se ve reflejado positivamente en el crecimiento del Producto Interno Bruto. A su vez, incrementará el consumo y con ello el ingreso por impuestos, lo que superará con creces cualquier reducción previa de contribuciones de corto plazo.

Los impuestos deberían alinearse con los principios reconocidos internacionalmente de sistemas tributarios eficaces. En concreto:

- Los impuestos deberían tener una base amplia: cada impuesto tiene diferentes propiedades económicas y, en general, los impuestos al consumo de base amplia distorsionan menos que los impuestos sobre los ingresos o los beneficios.

- Los impuestos deberían tener en cuenta las externalidades del producto y del sector.
- El sistema tributario y regulatorio debería ser sencillo, fácil de comprender y de aplicar.
- Los incentivos dinámicos para los operadores no se deberían ver afectados: los impuestos no deberían desincentivar las inversiones eficientes o la competencia en el sector de las Tecnologías de la información y la comunicación (TIC).
- Los impuestos deberían ser equitativos y la carga de los mismos no debería recaer de forma desproporcionada sobre los miembros de la sociedad con ingresos más bajos.

Los impuestos discriminatorios y específicos del sector actúan como un obstáculo para los servicios móviles y su uso, y retrasan la adopción de las TIC. La reducción de dichos impuestos beneficia a los consumidores y a las compañías, y refuerza el desarrollo socioeconómico.

Aunque es frecuente que los gobiernos introduzcan impuestos especiales destinados a financiar gastos en sectores donde la inversión privada escasea, se trata de medidas poco eficaces. Las políticas fiscales que aplican impuestos especiales al sector de las telecomunicaciones causan distorsiones que perjudican al gasto privado y, en definitiva, disminuyen el bienestar, al evitar los beneficios positivos que el sector móvil proporciona a la economía. Las economías emergentes necesitan alinear su enfoque impositivo de la banda ancha móvil con sus objetivos de TIC nacionales. Si la conectividad de banda ancha se considera un objetivo social y económico esencial, los impuestos no deben suponer un obstáculo para la inversión en redes de banda ancha ni para su adopción y uso por parte de los consumidores. La reducción de la carga impositiva sobre el sector aumenta la adopción y el uso de los servicios móviles, lo que genera un efecto multiplicador en el ámbito económico más amplio.

Los impuestos a las llamadas internacionales tienen un efecto negativo sobre los consumidores, los negocios y los ciudadanos en el extranjero. Además, perjudican la competitividad del país.

Recursos:
Sitio web de Investigación sobre tributación móvil y recursos de la GSMA
Informe de la GSMA: Digital Inclusion and Mobile Sector Taxation (Inclusión digital y tributación en el sector móvil), 2016

Datos y cifras

Impuestos y tasas sobre los consumidores y operadores móviles

Los operadores móviles han expresado repetidamente su preocupación por la carga excesiva de impuestos que sufren sus clientes en comparación con otros bienes y servicios. La carga impositiva y de tasas en el sector móvil incluye una amplia gama de impuestos. Por el lado del consumidor, incluye impuestos por la compra del terminal y la activación de la conexión, además de llamadas, mensajes y acceso a datos. Los altos impuestos tienen un impacto negativo en la capacidad de pago de los servicios móviles y también pueden tener efectos negativos más amplios sobre la productividad y el crecimiento económico.

Además de estas cargas que deben soportar los consumidores, los operadores móviles también se enfrentan a una serie de cargas, incluyendo los derechos de licencia, el impuesto de sociedades, los impuestos por ingresos, etc. Los impuestos y tasas que se dirigen específicamente al sector móvil afectan el incentivo de los operadores para invertir en el despliegue de la red. La medida en la que estas cargas recaen sobre los operadores o sobre los consumidores depende de las condiciones de cada mercado. Algunos impuestos pueden ser absorbidos por los operadores en forma de menores beneficios, mientras que otros pueden trasladarse a los consumidores en forma de precios más elevados o una combinación de ambos enfoques.

Un estudio realizado por Deloitte para GSMA reveló que:

- En los 30 mercados seleccionados, los pagos totales en impuestos y tasas del sector móvil alcanzaron los 52 000 millones de USD en 2014. De este total y 18 000 millones de USD lo constituyen los pagos de impuestos y tasas específicas del sector.

- Los pagos totales en impuestos a los consumidores y los operadores representan en promedio el 29 por ciento de los ingresos del mercado, excluidos los pagos no recurrentes, tales como tasas de subasta de espectro.

- En Turquía, los pagos de impuestos y tasas de comunicaciones móviles representan el 62 por ciento de los ingresos del sector, con la mayoría de estos relacionados con la tributación específica del sector.

Por otra parte, la contribución relativa del sector móvil en términos de pagos de impuestos y tasas como proporción del total de los ingresos fiscales del gobierno es más alta que la participación del sector del PIB en 20 de los 23 países en desarrollo. En nueve países, los impuestos y tasas sobre el sector móvil son casi el doble, o en algunos casos más del doble, que la participación en el PIB del sector.

Los impuestos y tasas sobre los servicios móviles afectan la asequibilidad del acceso y su uso. Estos impuestos y tasas pueden tener un impacto desproporcionado en consumidores de bajos ingresos, ya que generan que los servicios móviles representen una mayor proporción de los ingresos anuales de los hogares más pobres. En 2014, el precio de la banda ancha móvil constituyó en promedio el 37 por ciento de los ingresos anuales para el 20 por ciento más pobre de la población.

Pagos de impuestos y tasas estimados como una proporción de los ingresos del mercado en países seleccionados, 2014

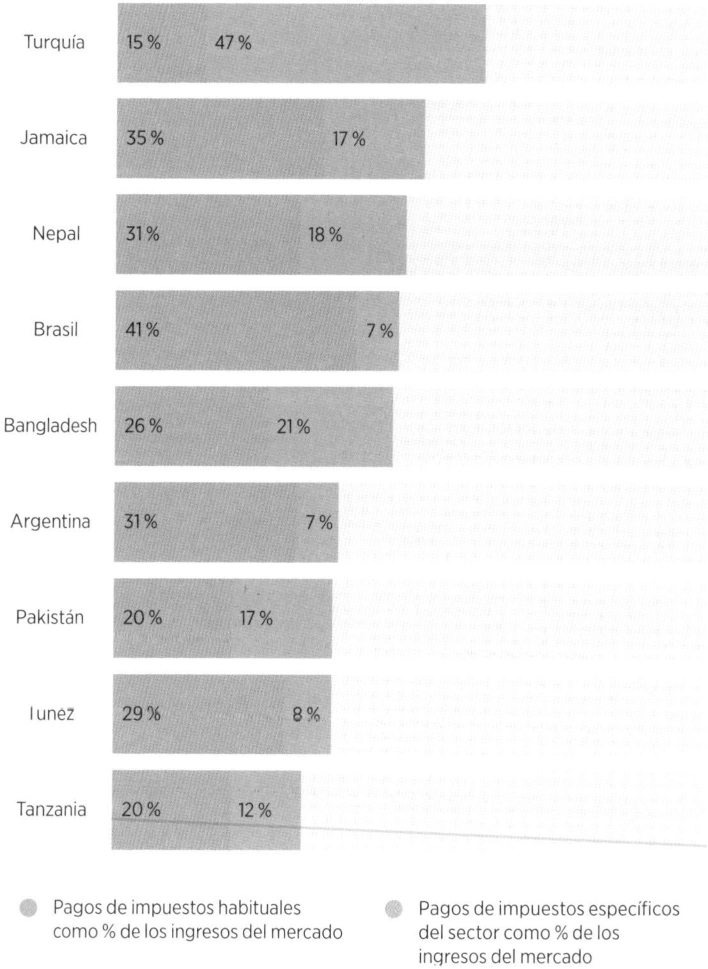

Fuente: Análisis de Deloitte en base al operador de telefonía móvil y datos de inteligencia de la GSMA de 2014

Fondos de servicio universal

Antecedentes

Muchos países han adoptado el servicio universal –caracterizado por servicios de telecomunicaciones disponibles, accesibles y asequibles– como objetivo político.

Algunos países han establecido fondos de servicio universal sobre la base de que los operadores no pueden llevar los servicios a ciertas zonas con cobertura insuficiente si no cuentan con apoyo económico.

Los fondos de servicio universal se financian, normalmente, con impuestos a los ingresos de las telecomunicaciones. En estos casos, a los operadores se les sigue exigiendo una contribución, a pesar de la ampliación del servicio a la gran mayoría de los ciudadanos de los países y de las inmensas acumulaciones de fondos no desembolsados.

Según un estudio encargado en 2013 por la GSMA, menos de una octava parte de los 64 fondos de servicio universal estudiados están alcanzando sus objetivos y más de un tercio aún no han desembolsado nada de los fondos recolectados. Pese a ello, se siguen exigiendo contribuciones al sector.

Debate

¿Son los fondos de servicio universal un método eficaz para ampliar la conectividad de voz y datos a los ciudadanos que reciben un servicio insuficiente?

¿Qué estrategias alternativas podrían ser más eficaces?

¿Cuál es la importancia de los fondos de servicio universal en los mercados maduros?

Posición de la industria

Los gobiernos deberían suprimir paulatinamente los fondos de servicio universal y dejar de exigir contribuciones para ellos. Los fondos de servicio universal existentes deberían devolverse a los operadores y utilizarse para ampliar los servicios móviles a zonas remotas.

Los mercados liberalizados y las inversiones del sector privado han llevado los servicios de telecomunicaciones a la mayoría de la población mundial. El sector considera que esta tendencia va a mantenerse.

Muy pocos fondos de servicio universal han logrado ampliar el acceso a los servicios de telecomunicaciones, como es su objetivo, pero continúan acumulando grandes cantidades de dinero.

Hay poca evidencia de que los fondos de servicio universal sean un método eficaz para alcanzar los objetivos de servicio universal. Muchos de ellos han demostrado ser contraproducentes, ya que gravan a los clientes de las comunicaciones, incluyendo los de zonas rurales, y por lo tanto, son un obstáculo para la inversión rural.

Los fondos de servicio universal deberían tener objetivos concretos y límites temporales, y ser administrados con transparencia. Los fondos deberían adjudicarse competitivamente, con imparcialidad técnica y consultando con la industria.

Los gobiernos deberían tener en cuenta incentivos que faciliten soluciones basadas en el funcionamiento del mercado. Pueden ayudar a eliminar impuestos específicos del sector, estimular la demanda y desarrollar la infraestructura de apoyo. Hay otras soluciones, como las sociedades público-privadas, que son preferibles a los fondos de servicio universal para la ampliación de las comunicaciones a zonas rurales y aisladas.

Recursos:
Informe GSMA: Survey of Universal Service Funds, Key Findings (Conclusiones principales del estudio de los fondos de servicio universal)
Sociedad conectada de la GSMA: ¿Los fondos de servicio universal son una forma efectiva de lograr acceso universal?

Datos y cifras

Fondos de Servicio Universal disponibles estimados

Pese a los loables objetivos que condujeron a la creación de los fondos de servicio universal en las fases iniciales de la liberalización de las telecomunicaciones, existen hoy serias dudas sobre su utilidad y eficacia. Una gran cantidad de los fondos recogidos no se han desembolsado aún. Además, la estructura de muchos fondos de servicio universal es demasiado rígida para responder a los rápidos cambios tecnológicos y a las exigencias de la sociedad.

África

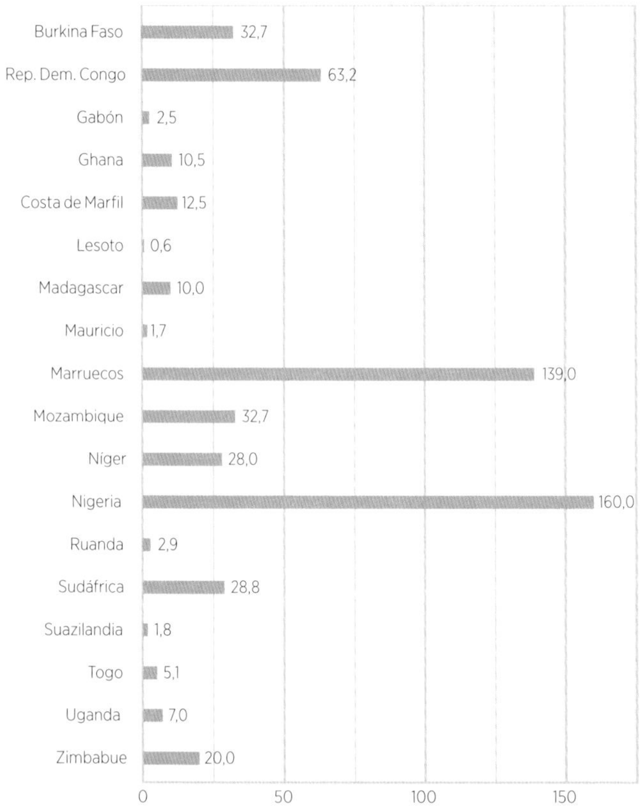

Estimación de fondos disponibles, finales 2010/2011, millones de USD

Asia-Pacífico

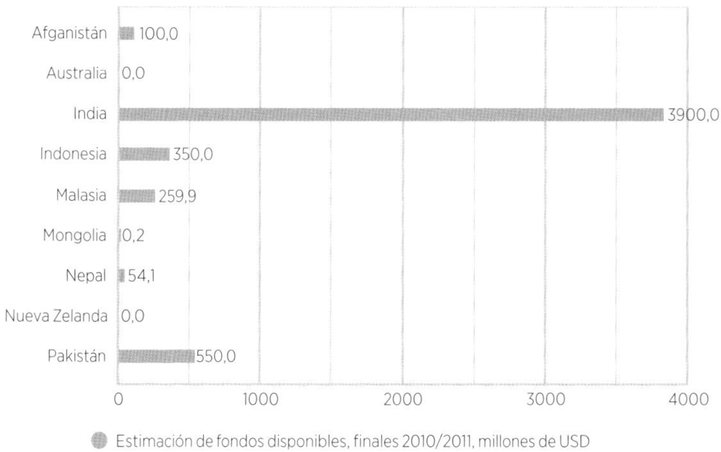

América

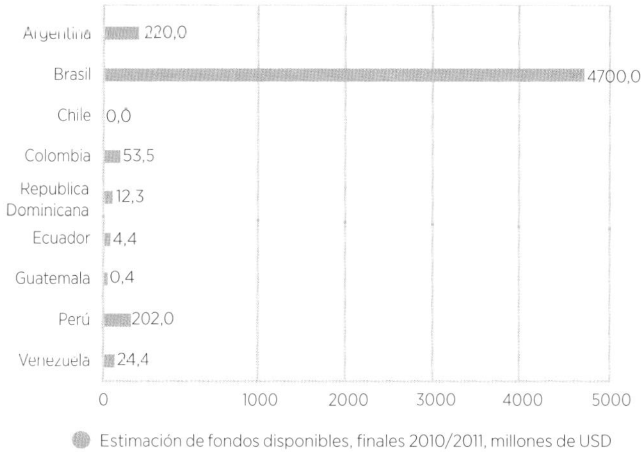

Fuente: Survey of Universal Service Funds, Key Findings (Conclusiones principales del estudio de los fondos de servicio universal), abril 2013

Gestión y asignación del espectro

El tráfico de datos móviles se sigue disparando y a medida que se vaya desarrollando la naciente industria de Internet de las cosas, también supondrá un esfuerzo adicional significativo sobre las redes móviles.

Para satisfacer esta demanda en aumento, los operadores necesitan tener acceso a un espectro suficiente y armonizado a nivel internacional. En este caso, la concesión de licencias de espectro efectivo juega un papel clave, ya que ayuda a la industria a atraer la inversión necesaria para ampliar aún más el acceso móvil y mejorar la calidad y la gama de servicios ofrecidos.

La GSMA promueve activamente a nivel nacional, regional y mundial, la identificación y liberación oportuna de más espectro para la banda ancha móvil. Sobre este tema, trabajamos conjuntamente con gobiernos y reguladores, organizaciones regionales y con la Unión Internacional de Telecomunicaciones (UIT).

Los gobiernos también deben desempeñar su función en el desarrollo de las comunicaciones móviles. Aquellos que simplemente buscan maximizar los ingresos estatales de la tarificación del espectro, por ejemplo, arriesgan costos mucho mayores para la sociedad si la competencia en los mercados de comunicaciones se debilita y la inversión de la red queda sofocada como resultado. Para garantizar servicios asequibles, extendidos y de alta calidad, es fundamental que una cantidad suficiente de espectro se libere para el uso móvil, especialmente el espectro del dividendo digital.

Con la Conferencia Mundial de Radiocomunicaciones 2019 (CMR-19) en el horizonte, los gobiernos deberían construir sobre los cimientos de la CMR-15 para fortalecer el futuro de las comunicaciones móviles. En particular, la emergente tecnología 5G ofrece un enorme potencial para los consumidores y la industria.
Los debates sobre espacios blancos de TV que, por lo general, consta de espectro no utilizado en las bandas de radiodifusión, no deberían quitar la atención de estas problemáticas fundamentales.

Banda de frecuencia de 2,6 GHz

Antecedentes

La Unión internacional de Telecomunicaciones (UIT) ha identificado la banda de 2,6 GHz (2500–2690 MHz) a nivel mundial como la banda ancha móvil. Es una 'banda de capacidad' que da respuesta a la creciente demanda de contenidos ricos en datos, como los videos. La banda tiene el potencial de uso de forma armonizada a escala mundial. El uso armonizado dará como resultado economías de escala para la industria y terminales más baratos para los consumidores, así como una mayor flexibilidad para el roaming internacional.

La UIT ha propuesto varios planes de banda posibles, entre los que se cuentan los siguientes:

- Opción 1: 2 x 70 MHz FDD y 50 MHz TDD en el espacio central.
- Opción 2: Solo FDD.
- Opción 3: Disposición flexible TDD/FDD.

Los costos excesivos por MHz de espectro suponen un problema en algunos mercados, como resultado de la estrategia de los gobiernos de racionar el espectro para maximizar los ingresos a corto plazo derivados de las subastas.

Plan de bandas de 2,6 GHz — Opción 1

Debate

¿Se debería liberar la banda de 2,6 GHz conjuntamente con la banda del Dividendo Digital (700 MHz/800 MHz) a fin de satisfacer las necesidades de capacidad y de cobertura urbana y rural para la banda ancha móvil?

¿Qué plan de bandas es el mejor?

Posición de la industria

Apoyamos la opción 1 de UIT de una banda de capacidad de 2,6 GHz armonizada mundialmente. El impulso mundial de la banda de 2,6 GHz apoya la opción 1 de UIT. Países como Brasil, Canadá, China, Alemania, Nueva Zelanda, Nigeria, Rusia, Arabia Saudita y Sudáfrica han asignado recientemente el espectro a los operadores siguiendo este plan de bandas. Allí donde las subastas han ofrecido flexibilidad, los mercados han elegido las disposiciones de banda estándar. La banda de 2,6 GHz será fundamental para satisfacer los requisitos de capacidad de la banda ancha móvil.

La Opción 1 de la UIT es una opción neutral en cuanto a tecnología que respalda tanto la tecnología TDD como la FDD. El espectro disponible en la banda de 2,6 GHz es apto para grandes portadoras como 2 x 20 MHz, que resulta ideal para el despliegue de la tecnología LTE:

- Para mejorar el desempeño de la red, ofreciendo una transmisión de datos más rápida y mayor capacidad.
- Para reducir los costos de despliegue.
- Para mejorar el desempeño de los terminales.

Las frecuencias más altas (p. ej., 2,6 GHz) son más adecuadas para las altas velocidades de transferencia de datos que se necesitan para prestar servicio a grandes cantidades de usuarios en zonas urbanas, aeropuertos y otros lugares con gran volumen de tráfico. Los gobiernos no deberían tratar de maximizar su recaudación en las licitaciones del espectro de 2,6 GHz, puesto que eso podría limitar artificialmente la demanda, tendría un impacto negativo sobre el despliegue de la red, aumentaría los precios para los consumidores y limitaría los potenciales beneficios económicos. Tasas excesivas también podrían impedir que se alcanzasen los objetivos políticos diseñados para brindar acceso universal a la banda ancha móvil.

Recursos:
Informe GSMA: The 2.6GHz Spectrum Band — An Opportunity for Global Mobile Broadband (La banda de espectro 2,6 GHz: Una oportunidad para una banda ancha móvil mundial)
Informe de la GSMA y Analysys Mason: Taiwan — Economic Impact of Wireless Broadband (Taiwán: impacto económico de la banda ancha inalámbrica)
Informe GSMA: The Socio-Economic Benefit of Allocating Harmonised Spectrum in the Kingdom of Saudi Arabia (El beneficio socioeconómico de la asignación de espectro armonizado en el Reino de Arabia Saudita)
Informe de GSMA y Plum: The Benefits of Releasing Spectrum for Mobile Broadband in Sub-Saharan Africa (Los beneficios de la liberación de espectro para banda ancha móvil en el África subsahariana)

Más a fondo

Características de banda: capacidad frente a cobertura

No todas las radiofrecuencias son iguales. Para ofrecer un servicio de alta calidad en distintas ubicaciones con diversas densidades de población y diferentes expectativas de la red, los operadores móviles necesitan poder acceder a un abanico de bandas de frecuencia.

En general, las señales de frecuencia más bajas llegan más lejos en el horizonte visible, y atraviesan mejor la lluvia o los edificios. Estas frecuencias de radio más bajas se conocen a menudo como «bandas de cobertura» porque, por regla general, los operadores pueden prestar servicio con ellas a un área de mayor extensión con una única estación base.

La capacidad de una conexión inalámbrica para las llamadas de voz o la transmisión de datos depende de la cantidad de espectro que se utiliza, es decir, el ancho de banda del canal. La disponibilidad de anchos de banda de canal más amplios es mayor en frecuencias más elevadas. Para muchas aplicaciones inalámbricas, el mejor intercambio entre estos factores se sitúa en la gama de frecuencias de 400 a 5 GHz, aproximadamente. Esta porción del espectro de radio es la más demandada.

Es importante tener en cuenta que implementar una red que usa bandas de capacidad con frecuencias más elevadas requiere más estaciones base para cubrir la misma extensión y, por lo tanto, una inversión considerablemente mayor.

Efectos de la frecuencia sobre el alcance

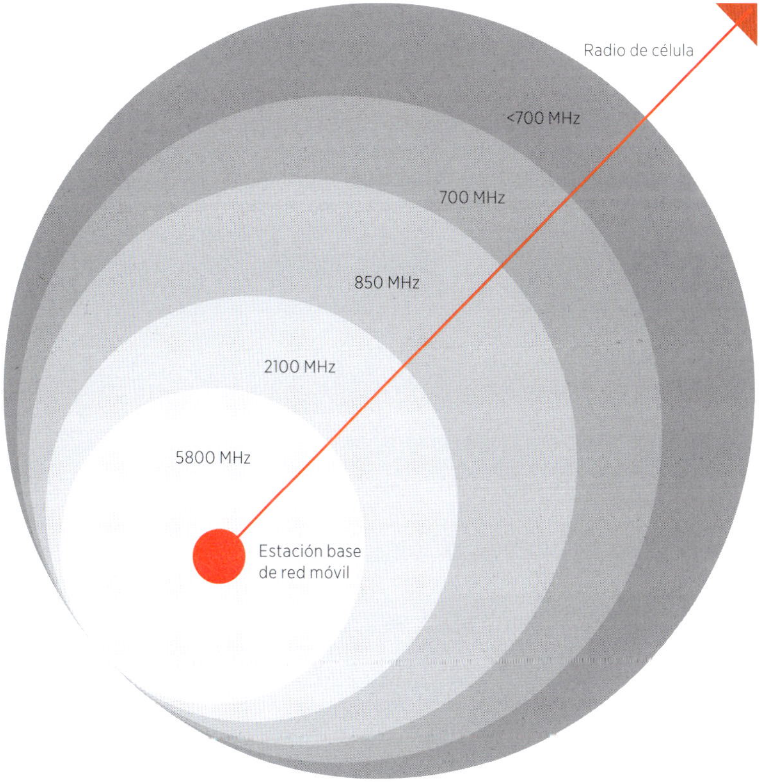

En general, una red que usa bandas de frecuencia elevadas requiere más estaciones base para cubrir la misma extensión que una red que usa frecuencias más bajas.

Espectro para las redes 5G

Antecedentes

Se espera que 5G soporte velocidades de banda ancha móvil mucho más rápidas y un uso de datos móviles cada vez más amplio, permitiendo al mismo tiempo el pleno potencial del Internet de las Cosas (IoT). Desde la realidad virtual y vehículos autónomos, al Internet industrial y las ciudades inteligentes, 5G será el centro del futuro de las comunicaciones. 5G es también fundamental para preservar el futuro de las aplicaciones móviles más populares de hoy en día, como el video bajo demanda, asegurando que se puedan sostener la incorporación y utilización en aumento.

Se espera que 5G haga frente a tres escenarios clave de uso: banda ancha móvil mejorada, incluidas velocidades de datos de varios gigabit por segundo (Gbps); comunicaciones ultra confiables, incluida una latencia muy baja (sub-1ms) y muy alta disponibilidad y seguridad; y comunicaciones de tipo máquina masivas, incluso la capacidad de soportar un gran número de conexiones de IoT de bajo costo. El objetivo de 5G es crear una sociedad más "híper conectada" mediante la integración de LTE (en bandas con licencia y sin licencia), Wi-Fi y las tecnologías IoT celular, junto con al menos una nueva interfaz de radio 5G, de una manera más completa e inteligente.

El éxito de los servicios será muy dependiente de los gobiernos y los reguladores nacionales. Sobre todo, la velocidad, el alcance y la calidad de los servicios 5G dependerán de los gobiernos y reguladores que respalden el acceso oportuno a la cantidad y el tipo adecuado de espectro y en las condiciones correctas. Los servicios 5G inicialmente comenzarán en mercados móviles más desarrollados. Sin embargo, los mercados en desarrollo pueden seguirlos rápidamente, sobre todo con el fin de ofrecer una experiencia inalámbrica similar a la que se logra a través de la fibra y soporte mejorado del IoT.

5G se definirá en un conjunto de especificaciones estandarizadas que establecerán organismos internacionales, en particular el 3GPP y la UIT. No se espera que el estándar "5G" 3GPP inicial, que será un candidato para los estándares de la UIT, no se publique antes del 2019, con el seguimiento de servicios comerciales generalizados previsto a principios de los años 2020. Sin embargo, se espera que los despliegues de 5G basados en normas previas y de menor escala comiencen con antelación.

Debate

¿Cómo pueden los gobiernos y los reguladores permitir una amplia cobertura 5G en lugar de solo en centros urbanos?

¿Por qué el espectro sobre 6 GHz es útil para 5G?

¿Cuáles son las ventajas de un enfoque armonizado global para el espectro 5G?

Posición de la industria

Se necesita un espectro móvil, nuevo y ampliamente armonizado para garantizar que los servicios 5G cumplan las expectativas futuras y ofrezcan toda la gama de capacidades potenciales.

5G necesita espectro dentro de tres rangos de frecuencia clave para ofrecer una amplia cobertura y respaldar todos los casos de uso. Los rangos son los siguientes:

Sub-1 GHz. Esto soportará una amplia cobertura en todas las áreas urbanas, suburbanas y rurales, y ayudará al soporte de los servicios IoT.

1 a 6 GHz. Esto ofrece una buena mezcla de beneficios de cobertura y capacidad e incluye espectro dentro del rango de 3,3 a 3,8 GHz, que se prevé que forme la base de muchos servicios iniciales 5G.

Por encima de 6 GHz. Esto responde a las velocidades de banda ancha ultra altas previstas para 5G. Uno de los enfoques estará en bandas por encima de 24 GHz, incluido un creciente interés en las bandas de 24 GHz o 28 GHz que podrían implementarse juntas fácilmente en un solo dispositivo debido a su estrecha proximidad. También hay interés en la exploración de las bandas en el rango de 6 a 24 GHz.

Los gobiernos y los reguladores tienen la clave para alcanzar el pleno potencial de 5G cuando se pongan de acuerdo con las nuevas bandas del servicio móvil por encima de 24 GHz en la CMR-19. Es fundamental que se acuerde una cantidad suficiente de espectro 5G armonizado para permitir velocidades 5G más rápidas, dispositivos de bajo costo, roaming internacional y minimizar la interferencia transfronteriza.

El espectro con licencia debe seguir siendo el modelo de gestión del espectro 5G básico. Las bandas sin licencia pueden jugar un papel complementario.

Existe un potencial significativo para la coexistencia de 5G y otros servicios inalámbricos (por ejemplo, enlaces satelitales y fijos) en las bandas de frecuencias más altas (por ejemplo, por encima de 24 GHz).

Las licencias de espectro neutrales en cuanto a tecnología son fundamentales. Permiten que bandas utilizadas para las tecnologías móviles existentes se adapten fácilmente a 5G, garantizando que el espectro se utilice tan eficientemente como sea posible.

Es fundamental que los gobiernos y los reguladores respalden con éxito las necesidades de las redes 5G en los debates internacionales sobre el espectro, incluida la CMR-19 y sus reuniones preparatorias, debido a los largos plazos necesarios para poner a disposición el nuevo espectro móvil.

Los gobiernos y los reguladores tienen que adoptar medidas de políticas nacionales para fomentar grandes inversiones a largo plazo en las redes 5G.

Recursos:

Posición de la GSMA ante las políticas públicas: Espectro para las redes 5G

Sitio web de la GSMA sobre la Red 5G en 2020

Informe de la GSMA: Understanding 5G — Perspectives on future technological advancements in mobile (Comprender las redes 5G: perspectivas sobre los avances tecnológicos futuros en el sector móvil)

Dividendo Digital

Antecedentes

El Dividendo Digital se refiere al espectro liberado para usos alternativos después de la transición de la televisión analógica a la digital, ya que la radiodifusión digital utiliza el espectro de manera más eficiente que la radiodifusión analógica.

El espectro del dividendo digital es ideal para la banda ancha móvil, ya que consta de bandas de frecuencias más bajas que pueden cubrir áreas más amplias con un menor número de estaciones base que el espectro de banda ancha móvil actual que se basa en frecuencias más altas. Esto reduce los costos de despliegue y les permite a los operadores ofrecer una cobertura más amplia y asequible, especialmente en áreas rurales.

El espectro del Dividendo Digital también ofrece ventajas en zonas urbanas, ya que entrega mejor cobertura en interiores, debido a que estas frecuencias pueden penetrar las construcciones más fácilmente.

La actualización inicial a la televisión digital creó dos posibles nuevas bandas móviles. Son la banda de 800 MHz para su uso en Europa, Oriente Medio y África, y la banda de 700 MHz (698-806 MHz), también conocida como APT 700, para su uso en el continente americano y la región de Asia Pacífico.

Más recientemente, una segunda fase abre la puerta a dos bandas móviles adicionales. La primera de ellas es de 700 MHz (esta vez 694-790 MHz) para su uso en Europa, Oriente Medio y África. La segunda es de 600 MHz en algunas partes de América y Asia y el Pacífico, como Colombia, México, los Estados Unidos, Bangladesh y Nueva Zelanda.

Debate

¿Qué objetivos deberían intentar alcanzar los gobiernos al volver a conceder las licencias para las bandas de Dividendo Digital?

¿Qué tan importante es la armonización del espectro en la planificación para el dividendo digital?

Posición de la industria

El Dividendo Digital, debería ser asignado lo antes posible para servicios móviles, en sintonía con los planes de bandas regionales armonizadas.

La transición a la televisión digital soporta la entrega de una amplia variedad de contenidos de radiodifusión de alta definición, además de mejorar la prestación de servicios de banda ancha móvil. La concesión de licencias de tanto espectro del dividendo digital como sea posible para el uso móvil es clave para que los gobiernos le otorguen a sus ciudadanos el acceso a servicios móviles de banda ancha asequibles y de alta calidad.

Los gobiernos no deberían tratar de generar tasas excesivas a través del otorgamiento de licencias de estas bandas, ya que esto puede generar que quede espectro que no se venda y riesgos que afecten a la inversión y el despliegue de la red, mientras que también podría dar lugar a un aumento de las facturas de los teléfonos móviles. En última instancia, las tasas excesivas de espectro tienen el potencial de limitar los beneficios socioeconómicos que el acceso a banda ancha móvil asequible puede ofrecer.

La armonización regional de las bandas maximizará las economías de escala para los fabricantes de equipos (lo que ayudará a reducir el costo de los terminales para los consumidores) y atenuaría las interferencias en las fronteras nacionales. Por estas razones:

- Asia y el Pacífico y América Latina deberían adoptar el plan de banda de 700 MHz APT.
- Europa, Oriente Medio y África deberían adoptar la banda de 700 MHz de UIT de la Región 1, que es compatible con los equipos de 700 MHz APT.
- Debe hacerse todo lo posible para garantizar que la futura implementación del plan de banda de 600 MHz soporte la armonización mundial.

Recursos:
Posición de la GSMA ante las políticas públicas: Securing the Digital Dividend for Mobile Broadband (Garantizando el dividendo digital para la banda ancha móvil)
Posición de la GSMA sobre políticas públicas: Band Plan for Digital Dividend 2 in ITU Region 1 (Plan de bandas preferido para el Dividendo Digital 2 en la Región UIT 1)
Posición de la GSMA ante las políticas públicas: Asia Pacific Digital Dividend/UHF band plans (Dividendo Digital/Planes de banda UHF en Asia-Pacífico)
Informe de la GSMA y AHCIET: Beneficios económicos del Dividendo Digital para América Latina
Informe de la GSMA y BCC: The Economic Benefits of Early Harmonisation of the Digital Dividend Spectrum and the Cost of Fragmentation in Asia (Los beneficios económicos de la armonización temprana del espectro del Dividendo Digital y el costo de la fragmentación en Asia-Pacífico)

Datos y cifras

Liberación del Espectro del Dividendo Digital para servicios móviles

Este mapa muestra el progreso de cada país en materia de asignación y concesión de licencias del Dividendo Digital para las telecomunicaciones móviles.

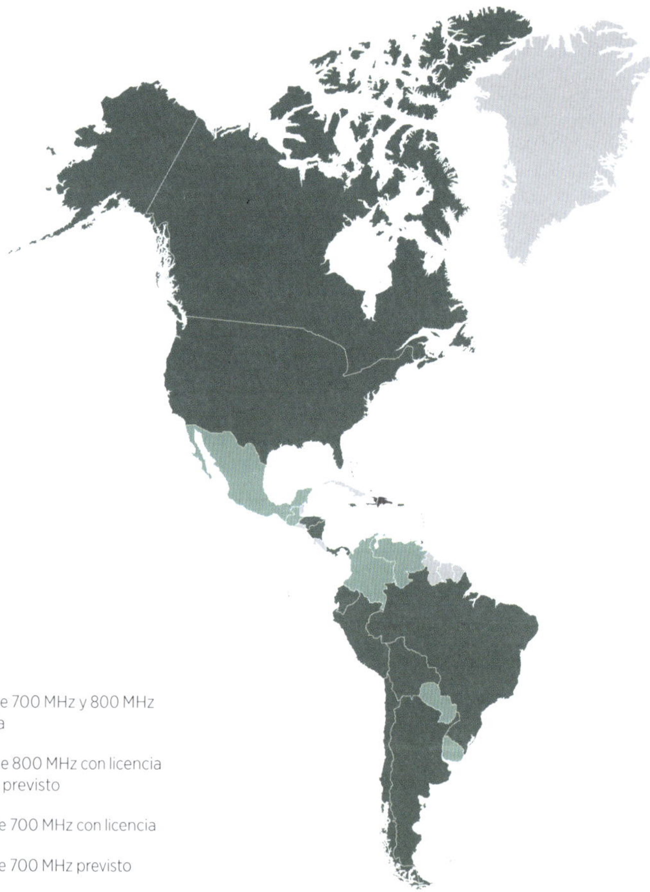

- Espectro de 700 MHz y 800 MHz con licencia
- Espectro de 800 MHz con licencia y 700 MHz previsto
- Espectro de 700 MHz con licencia
- Espectro de 700 MHz previsto
- Espectro de 800 MHz con licencia
- Espectro de 800 MHz previsto
- No se dispone de información

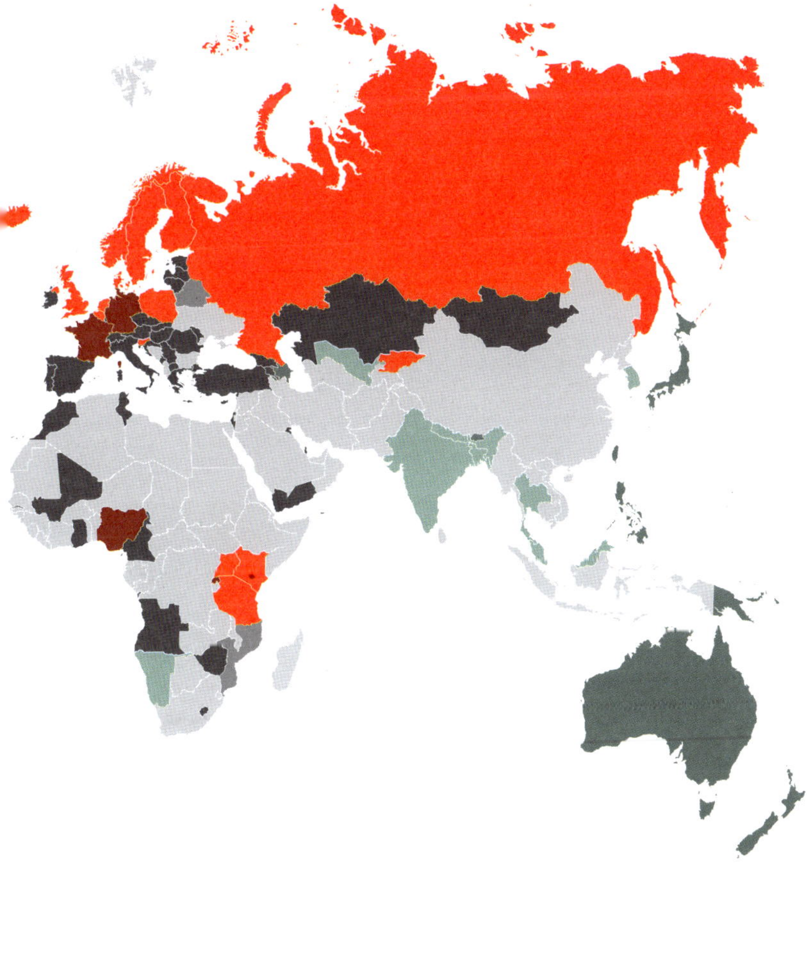

Fuente: GSMA Intelligence, noviembre de 2016

Más a fondo

Planes de banda

La armonización mundial del espectro GSM ha sido un factor fundamental en la reducción de los costos de terminales, ya que permite a los fabricantes de dispositivos beneficiarse de las economías de escala. Esta es una de las razones clave por la que los países deberían adherirse a los planes de banda desarrollados para sus respectivas regiones.

Plan de banda de 700 MHz para Asia-Pacífico

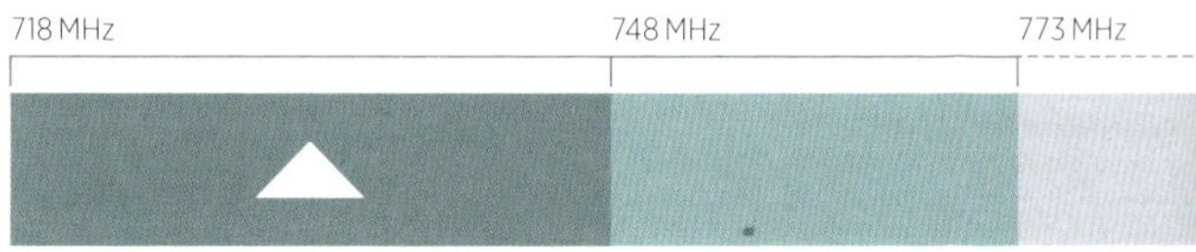

Plan de banda de 700 MHz preferido para EMEA

Los planes de bandas de 700 MHz y 800 MHz preferidas para Europa, Oriente Medio y África (EMEA) se han diseñado para trabajar una al lado de la otra. Sin embargo, el dúplex superior del plan de banda de 700 MHz de Asia y el Pacífico choca con el plan de banda de 800 MHz de EMEA (consulte el diagrama a continuación). Para evitar la interferencia entre las dos bandas y crear un mercado regional único para dispositivos que ayudarán a reducir el costo de los terminales, Europa, Oriente Medio y África deberían adoptar el plan de banda preferido de 700 MHz para la Región 1.

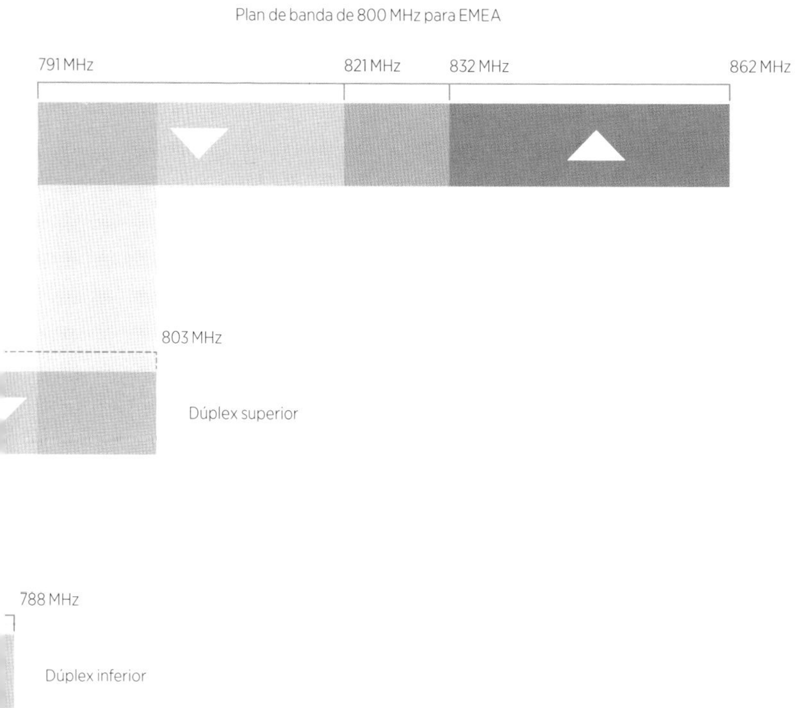

Acceso compartido con licencia

Antecedentes

El acceso compartido con licencia (LSA) es un concepto que permite que el espectro ya designado para las telecomunicaciones internacionales móviles sea utilizado por más de una entidad. En teoría, esto incrementaría el uso del espectro de radiofrecuencia, puesto que permitiría el acceso compartido donde y cuando el licenciatario principal, un operador tradicional y no móvil, no esté utilizando sus frecuencias designadas.

El acceso compartido con licencia (LSA) complementa otros métodos autorizados para acceder al espectro, incluyendo el uso con licencia (exclusivo) y el uso exento de licencia (sin licencia) del espectro.

Siempre que existan un acuerdo comercial y un marco regulatorio apropiados, el acceso compartido con licencia podría permitir que una porción del espectro asignado sea utilizado por un usuario de acceso compartido con licencia (como un operador móvil, por ejemplo).

A medida que la demanda del espectro se intensifica, este tipo de estrategias regulatorias están suscitando un considerable interés y siendo objeto de estudio.

Debate

¿Pueden los operadores confiar en el concepto de acceso compartido con licencia para compartir el espectro con los usuarios establecidos?

¿Cómo podrían solucionarse los problemas de regulación y competencia usando el acceso compartido con licencia (p. ej., para impedir que un único operador obtenga acceso a la totalidad del espectro de acceso compartido con licencia)?

¿Cómo se podría aplicar eficazmente el acceso compartido con licencia sin que ello merme la urgencia de liberar bandas móviles para acceso exclusivo?

Aunque aceptamos que se debe explorar la posibilidad de compartir paradigmas como otra opción para la gestión del espectro, las tecnologías compartidas siempre han sido prometedoras, pero siguen sin haber sido probadas.

— Joan Marsh, vicepresidenta senior de regulación federal de AT&T

Posición de la industria

El concepto de acceso compartido con licencia podría ofrecer a los operadores móviles acceso a una porción adicional del espectro para la banda ancha móvil, pero el acceso exclusivo mediante licencias basadas en el mercado deberían seguir siendo el principal enfoque regulatorio.

El acceso compartido con licencia no hace que deje de existir una necesidad urgente de garantizar espectro adicional, exclusivo y armonizado para la banda ancha móvil, ya que sigue siendo el principal objetivo a nivel regional e internacional.

La autorización para acceder al espectro adicional a través del acceso compartido con licencia debería ser otorgado por las autoridades reguladoras nacionales, después de consultas públicas y un acuerdo comercial entre el usuario de espectro tradicional y los operadores móviles.

Recursos:

Informe de la GSMA y Deloitte: The Impact of Licensed Shared Use of Spectrum (El impacto del uso compartido de licencias de espectro)

Posición de la GSMA ante las políticas públicas: Licensed Shared Access (LSA) and Authorised Shared Access (ASA) (acceso compartido con licencia [LSA] y acceso compartido autorizado [ASA])

Sitio web de Qualcomm 1000x Data Challenge (Qualcomm: el reto de multiplicación por mil de los datos)

Blog sobre políticas públicas de AT&T: The Power of Licensed Spectrum (El poder del espectro con licencia)

Más a fondo

Modelos de compartición del espectro

El uso con licencia del espectro, con carácter de exclusividad, es un enfoque de probada eficacia para garantizar que los usuarios del espectro (incluidos los operadores móviles) puedan ofrecer un servicio de alta calidad a los consumidores sin interferencias.
La proliferación de las tecnologías móviles ha intensificado la demanda de acceso al espectro de radio y ha generado un nivel considerable de debate y defensa de nuevos enfoques de la gestión del espectro.

Espectro exento de licencia:

Bandas de frecuencia que pueden ser utilizadas por múltiples sistemas y servicios si satisfacen «protocolos de cortesía» y estándares técnicos pre-definidos. Wi-Fi es un ejemplo de tecnología que usa espectro exento de licencia.

Espectro compartido con licencia:

Cualquier porción del espectro con licencia que se comparte entre usuarios con licencia. Los términos de compartición pueden acordarse sobre una base comercial entre las entidades licenciatarias o constituir una condición del proceso de concesión de licencias.

TV White Space:

El espectro televisivo en la banda UHF que, como consecuencia de espacios previsibles de carácter geográfico o temporal en la transmisión, ofrece el potencial de que los dispositivos exentos de licencia lo utilicen para servicios de banda ancha. Estos servicios dependen de tecnologías y técnicas de gestión dinámica del espectro.

Acceso compartido con licencia (o acceso compartido autorizado):

Una propuesta de programa de acceso compartido que permite el uso con licencia de porciones infrautilizadas del espectro ya licenciado por otro servicio. El acceso compartido con licencia se propone como método para garantizar un servicio de alta calidad, a diferencia del «mejor servicio posible» que se presta a través del espectro exento de licencia.

Aunque estas innovaciones podrían encontrar un nicho viable en el futuro, la posición de la GSMA es que insistir con estas opciones en la actualidad trae el riesgo de desviar la atención de la necesidad de liberar suficiente espectro licenciado exclusivo para la banda ancha móvil.

Limitación de las interferencias

Antecedentes

Con las emisiones radioeléctricas, siempre existe la posibilidad de interferencia con los sistemas de radio que funcionan en bandas de frecuencia adyacentes, debido a imperfecciones en los transmisores o a un mal filtrado en el receptor.

Las nuevas tecnologías son más eficaces que antes para mitigar las interferencias, aunque pueden resultar más costosas dada la complejidad del equipo y el mayor consumo de energía.

La solución es definir parámetros en los transmisores y receptores de radio que garanticen la compatibilidad entre los sistemas de radio que operan en las mismas bandas de frecuencia o en bandas adyacentes. Esto, sin embargo, resulta imposible en el caso de tecnologías que carecen de estándares.

La forma tradicional de solucionar las interferencias ha sido establecer «bandas de guarda» que se dejan vacías. Sin embargo, estas bandas de guarda reducen la eficiencia general del uso del espectro. Para reducir al mínimo esta pérdida de espectro utilizable, se deberían emplear en la mayor medida posible otras técnicas de mitigación de interferencias.

Debate

¿Son las bandas de guarda la única forma de evitar las interferencias entre bandas móviles y sistemas que usan bandas adyacentes?

¿Debe la autoridad reguladora nacional resolver las posibles interferencias ex-ante, antes de asignar nuevo espectro a los operadores móviles? ¿O debe dejarse esto en manos de los operadores?

Cuantos más países respalden una banda, mayor será la posibilidad de armonización mundial, lo que ofrecería importantes economías de escala, reduciendo las interferencias transfronterizas y reduciendo los costos para los consumidores.

— GSMA

Posición de la industria

Las interferencias se pueden controlar mediante la planificación y el uso de técnicas de mitigación adecuadas.

Para las telecomunicaciones móviles, la armonización regional de las bandas móviles asignadas es la mejor forma de evitar interferencias en las fronteras nacionales.

Los problemas de interferencias transfronterizas normalmente se abordan a través de acuerdos bilaterales o multilaterales entre países vecinos.

A fin de minimizar el tamaño de la banda de guarda y el costo de la mitigación de interferencias, es necesario aplicar estándares de sistemas radioeléctricos que definan el comportamiento de radiofrecuencia de transmisores y receptores.

A las emisoras les preocupa genuinamente que los servicios móviles introducidos en la banda UHF interfieran con la recepción televisiva; y a los operadores móviles también les preocupa que esto suceda. Un estándar para los receptores de televisión mejoraría esta situación.

Recursos:
Documento de referencia de la GSMA: Managing Radio Interference (Gestión de interferencias radioeléctricas)
Boletín informativo de la GSMA: Punto 1.17 del orden del día de la CMR: interferencia de radiodifusión
Documento de referencia de la GSMA: Potential for Interference to Electronics (Posibles interferencias en sistemas electrónicos)

Estudio de caso

Una experiencia práctica de coexistencia de LTE en la banda de 800 MHz

Debido a que el espectro del Dividendo Digital es, por definición, adyacente a bandas de frecuencia que siguen utilizándose para las emisiones de televisión, los reguladores y la industria se han esforzado por garantizar que los servicios móviles en la banda de 800 MHz del Dividendo Digital no interfieran con las emisiones televisivas. Sin embargo, en la mayoría de los mercados siguen dándose signos de preocupación hasta que la implantación de los servicios móviles sea un hecho. Ahora que los operadores de red móvil de distintos países han empezado a implementar redes LTE usando el espectro del Dividendo Digital, la mayoría de estas preocupaciones pueden aliviarse en gran medida.

En octubre de 2012, se habían desplegado más de 4600 emplazamientos de estaciones base de 800 MHz en zonas urbanas, suburbanas y rurales de Alemania. La incidencia de interferencias registrada fue muy baja. Se comunicaron seis casos de interferencia con emisiones de televisión digital terrestre, entre los que se cuenta el más grave, que afectaba al bloque inferior del espectro LTE y el canal 60 de televisión que O2 había desplegado en Nuremberg en julio de 2012. Asimismo, se produjeron 22 casos con micrófonos inalámbricos (que el regulador había pedido con anterioridad que se migrasen a otra frecuencia) y otros seis con otros servicios y aplicaciones de radiofrecuencia.

En Suecia se han desplegado cientos de emplazamientos de estaciones base de 800 MHz. Los operadores móviles se encargaron conjuntamente de la gestión de la primera línea de respuesta a los informes de interferencia. Durante el primer trimestre de 2012, se registraron aproximadamente 40 casos de interferencia con las bandas de televisión, de los cuales 30 se resolvieron rápidamente suministrando a los afectados filtros para los televisores.

En todo el mundo, hasta la fecha, el número de interferencias de los servicios móviles con la televisión digital terrestre en la banda de 800 MHz ha sido muy inferior a lo previsto. Sin embargo, la tasa de incidencia puede variar dependiendo de la proporción de la población que utilice la plataforma de televisión digital y de la topología de la red de televisión digital. Los amplificadores de radiofrecuencia (RF) son un factor más importante de lo anticipado, pero los filtros de RF pueden solucionar la mayor parte de los casos de interferencia. Hasta la fecha, no se han registrado casos de interferencia con redes de cable.

Fuente: Vodafone

Estudio de caso

at800 en el Reino Unido

En 2012, los operadores móviles con licencia en el Reino Unido fundaron la sociedad conjunta llamada at800, como un mecanismo para resolver los problemas de interferencias televisivas cuando se lanzaron los servicios de LTE en la banda de 800 MHz.

Los cuatro operadores móviles son accionistas de esta sociedad y cada uno de ellos contribuye con 30 millones de libras esterlinas por cada lote de 5 MHz adquirido. at800 fue la responsable de la recopilación de información acerca de los planes de despliegue de LTE800 de cada operador y de preparar una campaña de divulgación en las zonas afectadas, ofreciendo información acerca de cómo los propietarios de viviendas podían informar acerca de los problemas de interferencias. at800 gestiona el centro de llamadas, envía filtros a los consumidores e ingenieros para solucionar cualquier problema pendiente. Cualquier fondo sobrante tras la finalización del programa se dividirá entre los accionistas. En la práctica, ha quedado claro que el nivel de las interferencias se sobrestimó.

Desde junio de 2016, at800 había alcanzado un 99 por ciento o 100 por ciento de tasa de aprobación contra todos los indicadores clave de rendimiento para su duodécimo mes consecutivo. Los 545 casos confirmados de interferencia 4G en junio de 2016 se resolvieron dentro de la meta de diez días hábiles, como había sucedido predominantemente en todos los meses del año anterior. Para los telespectadores que experimentan problemas no relacionados con la red LTE a 800 MHz, at800 los deriva a organizaciones que puedan ayudarlos.

Licitación de espectro

Antecedentes

La gestión del espectro para las telecomunicaciones móviles es cada vez más compleja, a medida que los gobiernos liberan más porciones del espectro en las bandas móviles existentes, gestionan la renovación de licencias que alcanzan su fecha de término, y liberan espectro en nuevas bandas para servicios de banda ancha móvil.

Gestionar estos procesos con efectividad y eficiencia es esencial para la continuidad del desarrollo y las inversiones en servicios móviles.

Las licitaciones son un método eficaz de adjudicar espectro cuando existe competencia por recursos de espectro escasos y se espera que la demanda sea superior a la oferta.

Hay varios diseños de licitaciones posibles, cada una de ellas con sus ventajas y desventajas. Aunque las subastas de varias rondas suelen ser las preferidas, la opción más apropiada depende de la situación del mercado y de los objetivos que el gobierno y los organismos reguladores deseen alcanzar.

Cuando se asigna espectro a través de una licitación, los gobiernos suelen tener una serie de objetivos que desean alcanzar, como por ejemplo conseguir:

- El máximo valor a largo plazo que la economía y la sociedad puedan recibir del uso del espectro.
- Eficacia en la implementación técnica de los servicios.
- Un nivel de inversión suficiente para desplegar redes y nuevos servicios.
- Generar ingresos para el Estado.
- Un nivel apropiado de competencia en el mercado.
- Un proceso de adjudicación equitativo y transparente.

Debate

¿Cuál es el método ideal para determinar el valor del espectro?

¿Cuáles son los principales aspectos que hay que tener en cuenta en el diseño de las subastas para alcanzar los resultados que el gobierno desea?

¿Deberían los gobiernos diseñar las licitaciones para maximizar los ingresos a corto plazo o para garantizar un método económicamente eficiente de asignación de un recurso escaso?

> *Los países que logran un enfoque correcto en la concesión de licencias pueden lograr un mejor potencial de la banda ancha móvil, lo que genera beneficios importantes para los consumidores y las empresas en términos de innovación, servicios de alta calidad y menores costos de prestación.*
>
> — Competition Economists Group, 2016

Posición de la industria

La asignación eficiente del espectro es necesaria para aprovechar todo el valor económico y social de las comunicaciones móviles.

No existe un único patrón que se pueda aplicar en todos los casos de licitaciones de espectro. Cada subasta debe diseñarse para satisfacer las circunstancias del mercado y los objetivos específicos definidos por el gobierno.

Como sucede con la mayoría de los elementos de diseño de una licitación, la idoneidad de las licitaciones simultáneas (varias bandas que son licitadas al mismo tiempo) en comparación a las licitaciones secuenciales (bandas que son licitadas una después de otra) depende de las condiciones del mercado en cuestión. La eficacia de cualquiera de estos enfoques dependerá de que exista un mapa claro del espectro con derechos bien definidos y condiciones conocidas con antelación.

Los reguladores deberían trabajar con las partes interesadas a lo largo de todo el proceso de diseño y de ejecución de la subasta para garantizar que el diseño sea justo, transparente y apropiado para circunstancias específicas del mercado. Las licitaciones no son la única opción que los gobiernos tienen a su disposición para gestionar la asignación del espectro, y deberían usarse únicamente en las circunstancias apropiadas.

Las licitaciones se deberían diseñar para obtener el máximo beneficio económico y social a largo plazo del uso del espectro. No deberían diseñarse para maximizar los ingresos a corto plazo para el gobierno. Los siguientes principios clave pueden ayudar a guiar a las autoridades de concesión de licencias:

- Las subastas pueden ofrecer beneficios sociales importantes, siempre y cuando se diseñen adecuadamente.
- Los altos precios del espectro ponen en peligro la prestación efectiva de servicios inalámbricos.
- Las licencias de espectro deberían ser neutras, tanto en lo relativo a la tecnología como al servicio.
- Las condiciones de la licencia se deberían usar con precaución.
- La duración de la licencia debe ser de al menos 20 años para incentivar la inversión en la red.
- La competencia puede apoyarse en la concesión de licencias de espectro tanto como sea posible y limitar los cargos y otros obstáculos para la prestación de servicios.
- La comercialización voluntaria del espectro debe incentivarse para promover el uso eficiente del espectro.

Recursos:
Informe de la GSMA y CEG: Licensing to Support the Broadband Revolution (Concesión de licencias para respaldar la revolución de la banda ancha)
Documento de posicionamiento de la GSMA: Spectrum Licensing (Concesión de licencias de espectro)

Estudio de caso

Precios de reserva para subastas de espectro

Los precios de reserva desempeñan un papel importante en el diseño de las licitaciones. Los precios de reserva disuaden a los licitantes poco serios y pueden garantizar que se pague un precio mínimo por las licencias del espectro cuando la competencia es débil. Sin embargo, eso no significa que cuando se espera que la competencia por el acceso al espectro móvil vaya a ser fuerte, los precios de reserva deban ser elevados. De hecho, eso podría inhibir a los licitantes, provocar el fracaso de la licitación y dejar el espectro sin vender y sin utilizar.

Los altos precios de reserva son una preocupación en aumento. Un estudio[1] determinó que en la mayoría de las licitaciones recientes (51 por ciento) en los últimos 10 años, la brecha entre el precio final pagado y el precio de reserva es insignificante, lo que sugiere que el gobierno y no el mercado determina el resultado. Si los operadores pagan más por espectro que su valor de mercado competitivo, existe el riesgo de que esto genere una menor inversión en la red, reducción de la calidad del servicio y aumento de los precios de consumo.

En lugar de centrarse en maximizar los ingresos, los gobiernos deberían enfocarse en los resultados sociales y económicos positivos que se derivan del uso del servicio móvil extendido, al mismo tiempo que facilitan un nivel de competencia apropiado en el sector. Las licitaciones con precios de reserva más bajos y realistas permiten que el mercado determine el valor apropiado del mercado del espectro que se libera.

[1] Plum Consulting, Reserve Prices in Spectrum Auctions (Precios de reserva en licitaciones de espectro): Why Size Matters (Motivo por el cual el tamaño importa) (2016)

India: Espectro suficiente disponible, pero obsesionado por los precios de reserva elevados

En una licitación en 2015, los operadores principales de la India habían competido intensamente para conservar sus tenencias de espectro existentes. Sin embargo, cuando se puso a disposición espectro sin uso en una licitación en 2016 a través de las bandas de 700 MHz, 800 MHz, 900 MHz, 1800 MHz, 2100 MHz, 2300 MHz y 2500 MHz, no estaban obligados a competir con tanta ferocidad. Sin embargo, la TRAI estableció el precio de reserva para 700 MHz, en particular, a un nivel extremadamente alto, basándolo en los precios de 1800 MHz obtenidos en la licitación de 2015 disputada vigorosamente (el precio de 700 MHz cuadruplicaba el de 1800 MHz). Como resultado, los ingresos finales de la licitación fueron inferiores a los previstos, solo 9900 millones de USD en ingresos totales en comparación con los 85 000 millones de USD en los precios totales de reserva. No hubo ofertas para la banda de 700 MHz y las ofertas para el espectro de 850 MHz, 2100 MHz y 2500 MHz también fueron muy limitadas, con muchos bloques en varios círculos sin vender. Se vendió todo el espectro de 2300 MHz y el 80 por ciento del espectro de 1800 MHz que fue licitado también se vendió.

Polonia: Un valor atípico en el costo del PIB en comparación con el espectro

La licitación de espectro de Polonia se llevó a cabo desde febrero a octubre de 2015, e incluyó más de 400 rondas de licitación. Mientras que en la mayoría de los países europeos existe una clara correlación entre la paridad del poder adquisitivo (PPA) del PIB y el costo del espectro de 800 MHz, Polonia es un caso atípico. En total, la subasta recaudó 9230 millones de zloty polacos (2500 millones de USD), seis veces el objetivo inicial fijado por la Oficina de Comunicaciones Electrónicas (UKE). El espectro en Polonia cuesta mucho más que en la extremadamente más próspera Alemania, pero los operadores polacos no tenían muchas opciones. En comparación con sus homólogos europeos, que tenían relativamente poca capacidad de espectro y de red, estaban siendo testigos de una fuerte demanda de servicios 4G en un país donde solo hay 11 suscripciones de telefonía fija por cada 100 personas. Los precios muy altos que los operadores móviles de Polonia tuvieron que pagar reducirán los fondos que tienen disponibles para la expansión de sus redes 4G y para la extensión de la banda ancha a muchos hogares y oficinas polacas que carecen de una línea fija.

Tailandia: El espectro racionado y costoso dificulta la inversión

En 2015, Tailandia licitó espectro de 1800 MHz en noviembre, seguido por espectro de 900 MHz en diciembre. Las ofertas ganadoras en la licitación de diciembre casi sextuplicaron el precio de reserva para el espectro de 900 MHz y fueron más del doble de las ganancias finales de la licitación de espectro de 1800 MHz. En total, la licitación de solo 100 MHz de espectro generó 232,73 millones de baht tailandeses (6520 millones de USD), lo que generó que las ofertas ganadoras estuviesen entre las más elevadas del mundo en función de cada MHz per cápita. Las licitaciones de Tailandia demuestran lo que puede suceder en los mercados donde se raciona artificialmente el espectro y no hay ningún plan claro para su liberación. Aunque las licitaciones generaron enormes cantidades de dinero para el gobierno de Tailandia, han reducido drásticamente la capacidad de inversión de los operadores tailandeses en sus redes y servicios. Esto es probable que frene el desarrollo de la economía digital de Tailandia y el país corre el riesgo de quedar retrasado en comparación con otros países en el sudeste asiático.

En las palabras del responsable de espectro de la GSMA, Brett Tarnutzer: «Adquirir el espectro no es más que el primer paso antes de realizar las inversiones en el despliegue de red que se necesita para prestar los servicios móviles a los consumidores. Los precios de reserva desproporcionados hacen que el espectro se quede sin ser vendido, retrasan la entrega de los servicios móviles y, en última instancia, aumentan el costo para el consumidor».

Topes de espectro

Antecedentes

Los topes de espectro limitan la cantidad de espectro que puede asignarse a un único operador móvil. Los reguladores utilizan cada vez más los topes de espectro en las reglas de licitación para fomentar la reasignación de espectro y equilibrar las carteras de los operadores.

Su objetivo es garantizar una competencia efectiva y evitar que los operadores existentes utilicen su poder económico con la finalidad de garantizar el uso de grandes activos de espectro, algo que podría darles una ventaja competitiva en el futuro.

El uso de los topes de espectro podría considerarse una "solución" en virtud de las políticas de competencia. Esto significa que los topes de espectro no deberían imponerse si una evaluación del mercado conduce a dos conclusiones: en primer lugar, que la competencia no es eficaz en el mercado, y segundo, que la solución adecuada y proporcionada para la deficiencia detectada es la adopción de topes de espectro.

Soluciones más específicas y proporcionadas pueden incluir opciones relacionadas con el acceso a la red de Operadores de redes virtuales móviles, la introducción de las obligaciones de la calidad del servicio, enfoques que hacen que sea más fácil para los consumidores cambiar de operador o medidas para incentivar la compartición de infraestructura.

Los nuevos participantes y los actores con menos espectro normalmente apoyan los topes en las nuevas asignaciones de espectro, mientras que los operadores tradicionales afirman que ese método perjudica la calidad de los servicios que pueden ofrecer a sus clientes.

Debate

¿Se obtienen realmente los mejores resultados sociales y económicos con el uso de topes en la asignación de espectro?

¿Cuáles son los problemas que podrían requerir el uso de topes de espectro?

Si se hubieran identificado deficiencias en el mercado, ¿los topes de espectro serían realmente una forma adecuada para hacer frente a estas deficiencias?

Posición de la industria

En los mercados donde la competencia no es efectiva, el uso de topes de espectro puede resultar apropiado, pero es preciso actuar con precaución para evitar consecuencias inesperadas y malos resultados para los consumidores.

Los operadores no deberían ser penalizados por usar sus activos de espectro de forma eficaz, ni verse limitados para la prestación de nuevos servicios. Los operadores con la cuota de mercado más grande son normalmente los que necesitan más espectro para satisfacer la demanda de los clientes.

Si se imponen topes de espectro, estos deberían permitir que todos los operadores desplieguen sus redes de una manera técnica y económicamente eficiente.

Las reglas de licitación y de licencia deberían brindar a los operadores la oportunidad de conformar una cartera de espectro que les permita prestar servicios de banda ancha con viabilidad económica.

Usar topes de espectro específicamente para atraer nuevos entrantes al mercado puede conducir a una fragmentación del espectro y a ineficiencias del mercado, lo que, en última instancia, tendría un efecto negativo sobre los consumidores y las compañías que usan servicios móviles. Las condiciones de licitación relacionadas con el despliegue de redes y el uso de espectro pueden producir resultados más efectivos para los consumidores.

Antes de aplicar topes de espectro, los reguladores deberían realizar análisis rigurosos del mercado para asegurarse de que realmente haya otros operadores en el mercado cuyo acceso al espectro generaría más beneficios sociales.

Resumen de las posibles soluciones para hacer frente a potenciales fallas del mercado y los riesgos regulatorios asociados		
Falla de mercado	**Solución posible**	**Riesgo regulatorio**
Poder de mercado significativo: los operadores más grandes pueden obtener la mayor parte del espectro.	Topes de espectro.	El establecimiento de topes de tamaño apropiado es difícil. Es posible que establecer topes demasiado bajos distorsione el mercado. Los operadores más grandes pueden ser tanto los usuarios de mayor valor como los usuarios con el mejor incentivo para maximizar el uso.
	Las obligaciones relacionadas con la cobertura o el uso compartido de la red.	Si las obligaciones tienen un impacto significativo en los rendimientos de los operadores, podrían afectar a la inversión negativamente.
Los operadores más pequeños no tienen suficiente espectro para ser creíbles.	Reserva de espectro Pisos de espectro.	El establecimiento de las reservas de espectro es difícil. La reserva de demasiado espectro podría distorsionar el mercado. Los operadores más pequeños podrían no ser los licitantes de mayor valor y es posible que no puedan maximizar el uso del espectro. Podrían elegir el espectro erróneo para reservar. La reserva podría ser restrictiva si diferentes tipos de operadores más pequeños tienen diferentes necesidades de espectro.
	Créditos al licitante.	Establecer el crédito en la cantidad correcta exige datos detallados. Si es demasiado bajo, es posible que los operadores más pequeños o los participantes nuevos no puedan obtener ningún espectro. Si es demasiado alto, entonces el resultado se predetermina de manera efectiva.

Recursos:

Informe de la GSMA y CEG: Licensing to Support the Broadband Revolution (Concesión de licencias para respaldar la revolución de la banda ancha)

Informe de la GSMA: Mobile Broadband, Competition and Spectrum Caps (Banda ancha móvil: competencia y topes de espectro)

Más a fondo

El uso de los topes de espectro para estimular a los nuevos operadores

Una vez que un gobierno o regulador decide estimular a un nuevo participante en el mercado, generalmente se emplean diferentes modelos para garantizar el acceso al espectro y facilitar las condiciones de ingreso. Estos modelos pueden incluir el despliegue de redes diferentes y requisitos de cobertura para el nuevo operador, obligaciones impuestas a los titulares o los operadores establecidos para proporcionar compartición de instalaciones, uso del espectro que se ha reservado para el nuevo operador y el uso de los topes de espectro.

Los topes de espectro se introdujeron por primera vez en la década de 1990, particularmente en América Latina, para fomentar la competencia en mercados móviles. Los topes de espectro impuestos previamente en muchos países se han modificado o incluso eliminado a medida que la creciente demanda de servicios de datos móviles activó la asignación de espectro adicional en las nuevas bandas de frecuencia. Sin embargo, los topes de espectro ajustados están todavía aplicados en América Latina y se utilizan ampliamente como una manera de controlar la competencia. Estos van desde 40 MHz a 80 MHz, y muchos operadores ya han alcanzado este límite.

En Europa, los topes de espectro no se utilizan como un límite absoluto en la cantidad de espectro que un operador puede tener. Sin embargo, se han utilizado topes de licitación específicos para cada banda, al igual que los límites específicos para determinadas adjudicaciones de espectro. Por ejemplo, en la subasta austriaca de varias bandas en octubre de 2013, a los participantes no se les permitió ganar más de 2x35 MHz de espectro en bandas por debajo de 1 GHz, 2x20 MHz en la banda de 800 MHz y 2x30 MHz en la banda de 900 MHz, mientras que el espectro total que cualquier operador podría ganar en la subasta se fijó en 2x70 MHz.

En los Estados Unidos, la FCC ha considerado durante mucho tiempo la concentración del espectro en su análisis competitivo de transacciones propuestas que involucran las tenencias de espectro. En 2004, la FCC decidió cambiarse de los topes de espectro a un proceso de tamizado de espectro, por lo que los objetivos competitivos se examinan en una evaluación caso por caso de agregación de espectro. Este enfoque desencadena un análisis adicional cuando se excede un umbral de espectro, basado en la cantidad total de espectro disponible y el número de operadores existentes en un mercado. Como regla general, esto limita la cantidad de espectro que un operador puede mantener a un tercio del espectro disponible en el mercado, lo que garantiza al menos tres operadores.

Además, a menudo se reserva espectro cuando se ponen a disposición nuevas frecuencias, para garantizar que nuevos participantes en el mercado tengan acceso al espectro durante los procesos de asignación. Por ejemplo, en la licitación austriaca de 2013, la Telekom Control Commission (TKK) reservó 2x10 MHz de espectro en la banda de 800 MHz para un operador nuevo. Del mismo modo, en la licitación de AWS mexicana en 2010, COFETEL reservó un bloque nacional de 2x15 MHz.

En algunos casos, la reserva de espectro para nuevos operadores ha llevado a un uso ineficiente del espectro. Por ejemplo, Chile aplicó límites ajustados en el concurso de belleza AWS 2009, de modo que hizo que el espectro estuviese disponible solo para los dos nuevos operadores, y se excluyera de manera efectiva a los tres participantes predominantes en el mercado de participar en la subasta. Por desgracia, los dos nuevos operadores solo alcanzaron una cuota de mercado limitada de conexiones. Uno de los nuevos participantes se convirtió en un MVNO y el otro se vendió recientemente.

Colombia hizo lo mismo durante la venta de la banda de 2,5 GHz en el año 2010, lo que permitió que un nuevo participante se convirtiera en el único proveedor de 4G-LTE en el país. El nuevo operador disfrutó de una "ventaja del primer movimiento" por más de tres años, ya que sus competidores no lanzaron servicios 4G hasta 2013, tras la subasta de espectro de AWS. A pesar de obtener esta ventaja competitiva en 2010, el nuevo operador necesitó dos años para poner en marcha servicios comerciales de comunicación móvil 4G en 2012, y finalmente se fusionó con un participante ya existente en 2014.

Los reguladores deben estar atentos a las condiciones en las que los nuevos operadores puedan crecer antes de la asignación de espectro de gran valor. La reserva de espectro para los nuevos operadores podría no crear una competencia efectiva o participantes del mercado sostenibles, lo que daría lugar a un uso ineficiente de los recursos. Esto es particularmente importante en el contexto de futuras asignaciones de espectro 4G adecuadas, ya que los servicios 4G requieren un ancho de banda más amplio. Los nuevos operadores que no tienen la capacidad de realizar grandes inversiones en infraestructura para implementar y mantener sus redes difícilmente lograrán competir con operadores consolidados.

Espectro para IoT

Antecedentes

La Internet de las Cosas (IoT) es un mercado muy importante y en rápido crecimiento con el potencial de transformar la economía digital. Los servicios móviles juegan un papel importante en el mercado de la IoT de área extensa y están evolucionando para satisfacer una creciente variedad de requisitos diferentes. Por ejemplo, los mercados clave para las soluciones del IoT móvil incluyen los sectores de servicios públicos, médicos, automotrices y de venta minorista. Esto se suma a los dispositivos electrónicos de consumo actuales, incluidos lectores de libros electrónicos, ayudas de navegación GPS y cámaras digitales.

Se prevé un crecimiento del número total de conexiones máquina a máquina (M2M) de cinco mil millones en 2014 a 27 mil millones en 2021.[1] Se espera que este salto en la conectividad tenga un valor de 4 mil millones de USD en 2025, en comparasión a 892 000 millones de USD en 2015.[2]

La mayor parte del mercado M2M (72 por ciento[3]) utiliza conexiones sin licencia y de corto alcance (por ejemplo, Wi-Fi y ZigBee), mientras que el mercado de área amplia es muy dependiente de la conectividad móvil. Se espera que las conexiones M2M móviles crezcan de 256 millones a finales de 2014 a 2200 millones para el año 2024.[1]

Los requisitos de los servicios de la IoT de área amplia varían mucho más que los de los servicios móviles tradicionales. Como resultado, los estándares de tecnología móvil están evolucionando continuamente para soportar estos casos de uso, lo que está impulsando la innovación y asegurando que la IoT móvil tenga una posición cada vez mejor para competir de manera eficaz con otras soluciones de la IoT.

El último estándar móvil, 3GPP versión 13, soporta todos los requisitos clave para las tecnologías móviles de la IoT, incluyendo batería de larga duración, costo bajo del dispositivo, costo bajo de despliegue, cobertura amplia y soporte a un número importante de dispositivos.

La industria móvil ya desempeña un papel importante en el mercado M2M de área amplia, sobre todo a través de los sistemas GSM para aplicaciones de bajo ancho de banda, tales como máquinas expendedoras, y a través de 3G y 4G-LTE para aplicaciones de alto ancho de banda tales como transmisión de video en vivo.

1 Machina Research, M2M Global Forecast & Analysis Report 2014-24 (Proyección global M2M e Informe de análisis 2014-24) (junio de 2015)

2 Machina Research, Forecasting the totality of the IoT revenue opportunity (Proyección de la totalidad de la oportunidad de ingresos a través de la IoT) (abril de 2016)

3 Posición de la GSMA ante las políticas públicas: Spectrum for the Internet of Things (Espectro para la Internet de las Cosas) (Septiembre de 2016)

Debate

¿Cómo pueden los gobiernos y los reguladores utilizar las políticas de espectro para incentivar el rápido despliegue de los servicios del IoT?

¿Cuáles son los beneficios del uso de espectro con licencia para IoT?

Posición de la industria

El espectro con licencia es de vital importancia para prestar los servicios de IoT más confiables. Esto es debido a su capacidad única para respaldar la calidad de as garantías de servicio en áreas extensas, ya que las redes que utilizan el espectro con licencia no están en riesgo de interferencia y los operadores pueden controlar los niveles de uso de sus redes.

Como resultado, la IoT móvil con licencia puede ser la única opción para aquellos servicios que exigen niveles de seguridad concretos, como las aplicaciones de seguridad y médicas.

El espectro con licencia tiene la capacidad y la cobertura para respaldar el crecimiento de la IoT. Fundamentalmente, las tecnologías de la IoT incluidas en el último estándar sobre comunicaciones móviles, Versión 13, se basan de manera significativa en las capacidades de cobertura del espectro existente.

La viabilidad de la IoT móvil depende de que los gobiernos adopten un marco regulador positivo, especialmente en lo que respecta al espectro móvil. Este tipo de marco no debe imponer restricciones de servicio o tecnológicas que frenen la innovación. En lugar de ello, debe estar diseñada para nutrir la evolución de las capacidades de las redes móviles y permitir que el mercado decida qué soluciones van a prosperar.

La armonización del espectro internacional es vital para el desarrollo de un mercado de IoT móvil global y asequible. Esto se debe a que permite el desarrollo de dispositivos de IoT móviles masivos y de bajo costo en el mercado a través de la creación de un mercado potencial que sea lo suficientemente grande como para respaldar las economías de escala de fabricación.

Se necesita espectro móvil armonizado para respaldar todos los casos de uso de la IoT de área extensa, incluyendo bandas de cobertura para casos de uso de área área extensa de baja potencia (LPWA, por sus siglas en inglés) y bandas de capacidad para aplicaciones de ancho de banda de gran tamaño, como la transmisión de video en vivo.

Los reguladores deberían trabajar con la industria móvil para respaldar la IoT en la planificación del espectro 5G, ya que se espera que 5G juegue un papel importante en la evolución de la IoT móvil.

Recursos:

Posición de la GSMA ante las políticas públicas: Internet de las cosas (IoT)

Guía del programa Vida conectada de la GSMA: The Internet of Things (La Internet de las Cosas)

Video de GSMA: The Internet of Things – A World of Opportunity (La Internet de las Cosas: un mundo de oportunidades)

Armonización del espectro

Antecedentes

La armonización del espectro hace referencia a la asignación uniforme de bandas de radiofrecuencia bajo regímenes técnicos y regulatorios comunes, en toda una región. La adherencia por parte de un país a las bandas de espectro identificadas internacionalmente tiene numerosas ventajas:

- Costos más bajos para los consumidores, dado que los fabricantes pueden producir en masa dispositivos que funcionen en una única banda en diversos países.
- Disponibilidad de una cartera más amplia de dispositivos, impulsada por un mercado internacional más grande.
- Roaming, o la posibilidad de usar nuestro dispositivo móvil en el extranjero.
- Menos problemas de interferencias transfronterizas.

Un dispositivo móvil puede funcionar con un número limitado de bandas. Cada nueva banda utilizable aumenta el costo del dispositivo, reduce la sensibilidad del receptor y consume batería.

Las bandas armonizadas han facilitado grandes economías de escala, lo que ha dado lugar a un uso sin precedentes de las telecomunicaciones móviles en todo el mundo. Las bandas de espectro para las telecomunicaciones móviles internacionales se definen a través de un riguroso proceso multilateral que tiene en cuenta las cualidades de cada una desde un punto de vista técnico y práctico.

En 2015, en la Conferencia Mundial de Radiocomunicaciones (CMR) celebrada en Ginebra, se llegó a un acuerdo sobre la creación de tres bandas globales de espectro para comunicaciones móviles: 700 MHz, 1427–1518 MHz y 3,4–3,6 GHz. Este acuerdo proporciona a la industria una combinación importante de cobertura armonizada internacionalmente y capacidad de espectro para satisfacer las crecientes exigencias de los servicios móviles. La armonización del espectro a través del proceso de la CMR es también clave para permitir el uso de dispositivos móviles de menor costo mediante economías de escala.

La armonización global de la banda de frecuencia de 694–790 MHz decidida en la CMR-15 permitirá a los fabricantes y operadores móviles ofrecer banda ancha móvil a un precio asequible en las áreas más desfavorecidas.

— François Rancy, Director, Oficina de Radiocomunicaciones, UIT

Debate

¿Cuán armonizada debe estar una banda para maximizar las ventajas de la armonización?

¿Puede un mercado nacional ser tan vasto que las ventajas de la armonización del espectro sean intrascendentes?

¿Permitirán las tecnologías cognitivas del futuro que los dispositivos sintonicen de forma dinámica cualquier banda, eliminando así la necesidad de que los países logren la armonización?

Posición de la industria

Los gobiernos que logren alinear el uso nacional del espectro con los planes de bandas armonizados a escala internacional, obtendrán el máximo beneficio para los consumidores y evitarán las interferencias en sus fronteras.

Como mínimo, es esencial armonizar las bandas móviles a escala regional. Incluso pequeñas variaciones en los planes de banda estándares pueden hacer que los fabricantes tengan que producir dispositivos específicos para cada mercado, lo cual tiene consecuencias costosas para los consumidores.

Todos los mercados deberían armonizarse a escala regional si es posible, puesto que esto beneficia a todo el ecosistema móvil mundial. No existe ninguna ventaja al actuar de forma aislada.

Las tecnologías de radiocomunicaciones cognitivas no reducirán la necesidad de un espectro móvil armonizado en el futuro próximo. Adherirse a los planes de banda reconocidos internacionalmente es la única forma de lograr grandes economías de escala.

Recursos:

Informe de GSMA y Boston Consulting Group: The Economic Benefits of Early Harmonisation of the Digital Dividend Spectrum and the Cost of Fragmentation in Asia-Pacific (Los beneficios económicos de la armonización temprana del espectro del Dividendo Digital y el costo de la fragmentación en Asia-Pacífico)

Informe de la GSMA y Plum Consulting: The Benefits of Releasing Spectrum for Mobile Broadband in Sub-Saharan Africa (Los beneficios de la liberación de espectro para banda ancha móvil en el África subsahariana)

Informe GSMA: Beneficios económicos del Dividendo Digital para América Latina

Spectrum Licensing (Concesión de licencias de espectro)

Antecedentes

Las licencias de espectro son un potente mecanismo que las autoridades reguladoras nacionales pueden utilizar para influir en la estructura y el comportamiento competitivo del sector de las telecomunicaciones móviles.

La cantidad de espectro que se pone a disposición dentro del mercado y en qué términos se hace son factores determinantes del costo, el rango y la disponibilidad de los servicios móviles.

La industria móvil hace un uso intensivo de capital, ya que requiere fuertes inversiones en infraestructura. Las políticas de licencias de espectro de los gobiernos que han establecido un régimen regulatorio estable, previsible y transparente puede incrementar drásticamente el atractivo del mercado para los inversores.

La gestión del espectro para las telecomunicaciones móviles es compleja, ya que los gobiernos liberan nuevo espectro en las bandas móviles existentes, gestionan la renovación de licencias que alcanzan su fecha de término y liberan espectro en nuevas bandas para servicios de banda ancha móvil.

Debate

¿Cuál es el método más eficaz para licenciar el espectro?

¿Qué condiciones deberían vincularse a los derechos de acceso al espectro?

¿Son las reglas de licitación el mejor método para garantizar la salud y el buen funcionamiento del sector móvil, o son principalmente las fuerzas del mercado las que deberían encargarse de ello?

Posición de la industria

Los derechos del espectro se deberían asignar a los servicios y operadores capaces de generar el máximo beneficio social con su uso.

Las autoridades reguladoras deberían propiciar un marco de licencias transparente y estable, que priorice la exclusividad de los derechos de acceso, lo que fomenta los servicios de alta calidad y estimula las inversiones.

Las autoridades responsables de la adjudicación de licencias deberían hacer pública una hoja de ruta con sus planes de liberación de bandas adicionales de espectro, para maximizar los beneficios derivados del uso del espectro. La hoja de ruta debe proporcionar una perspectiva de cinco a diez años e incluir un inventario exhaustivo y razonablemente detallado del uso actual.

Las condiciones de licitación excesivamente restrictivas limitan las capacidades de los operadores para usar plenamente los recursos de espectro y pueden poner en peligro la inversión en nuevos servicios.

En concreto, conviene suprimir las restricciones de servicio y tecnología de las licencias existentes.

En la medida que sea posible en la práctica, el espectro debe identificarse, asignarse y licenciarse en línea con bandas de espectro armonizadas internacionalmente para permitir las economías de escala internacionales, reducir las interferencias transfronterizas y facilitar los servicios internacionales.

Para las nuevas asignaciones de espectro, los enfoques de adjudicación de licencias basados en el mercado, como las licitaciones, son el método más eficaz de asignar espectro a los licitantes que más lo valoran.

Las tasas de licencia deberían utilizarse para ayudar a recuperar los costos administrativos de liberar el espectro para nuevos usos de mayor valor, y licitarlo y gestionarlo para obtener beneficios sociales y económicos a largo plazo. No se deberían usar para llenar las arcas del Estado.

Recursos:
Informe de la GSMA y CEG: Licensing to Support the Mobile Broadband Revolution (Concesión de licencias para respaldar la revolución de la banda ancha móvil)
Posición sobre la política pública de la GSMA: Renovación de licencias

Renovación de licencias de espectro

Antecedentes

Muchas de las licencias del espectro 2G originales deberán renovarse en los próximos años. Las autoridades regulatorias nacionales deben determinar cómo afectará a los derechos sobre el espectro de los operadores móviles que las licencias lleguen al final de su plazo de validez inicial.

La perspectiva del vencimiento de las licencias crea incertidumbre entre los operadores móviles. Por lo tanto, es necesario adoptar un enfoque transparente, predecible y coherente que permita a los operadores tomar decisiones sensatas de inversión a largo plazo.

No existe un enfoque estandarizado de renovación de las licencias del espectro. Cada mercado debe considerarse de manera independiente, y las partes interesadas de la industria deben participar en todas las fases del proceso de decisión. Si no se gestiona de manera eficaz, el proceso puede retrasar las inversiones en nuevos servicios y afectar los servicios móviles que reciben, potencialmente, millones de consumidores.

Debate

¿Qué enfoque de renovación de las licencias de espectro es más beneficioso para los consumidores y la sociedad?

¿Deberían los titulares de licencias de espectro asumir que tendrán la opción de renovarlas cuando expiren, a menos que se especifique lo contrario en las condiciones de la licencia?

¿Deberían los gobiernos reorganizar libremente las asignaciones del espectro, cambiar los anchos de banda o las condiciones de la licencia al renovarla?

Posición de la industria

Es crucial que los gobiernos y los reguladores implementen un proceso claro y oportuno para la renovación de las licencias de espectro.

Es esencial mantener el servicio móvil que se presta a los consumidores. Para garantizarlo, el enfoque del proceso de renovación de las licencias debe acordarse con tres o cuatro años antes de su fecha de expiración.

Los gobiernos y los reguladores deberían trabajar sobre el supuesto de que las licencias serán renovadas a los titulares existentes. Solo deberían considerarse excepciones en caso de infracciones graves de las condiciones de la licencia antes de la renovación.

En caso de que un gobierno opte por reevaluar la estructura del mercado en el momento de la renovación de las licencias, debería priorizar el mantenimiento del servicio para los consumidores y asegurarse de no detener las inversiones de la red. Los gobiernos no deberían discriminar ni a favor ni en contra de los nuevos entrantes al mercado, sino que establecer reglas del juego equitativas.

Las nuevas licencias deberían concederse como mínimo para 15 o 20 años, a fin de dar a los inversionistas tiempo suficiente para obtener un retorno razonable de su inversión.

La renovación de las licencias móviles debe ser neutra, tanto en lo relativo a la tecnología como al servicio.

Recursos:

Posición de la GSMA ante las políticas públicas: Renovación de licencias

Informe de la GSMA y CEG: Licensing to Support the Mobile Broadband Revolution (Concesión de licencias para respaldar la revolución de la banda ancha móvil)

Comercialización del espectro

Antecedentes

El comercio del espectro es un mecanismo mediante el cual los operadores de redes móviles pueden transferir sus derechos de uso de espectro de forma voluntaria sobre una base comercial.

El comercio de derechos de uso del espectro es algo relativamente nuevo. En Europa, la mayoría de los países que permiten esta práctica empezaron en 2002 o más tarde. Cada país ha establecido sus propias normas para regular la práctica.

Las normas comerciales pueden facilitar la transferencia parcial de un derecho de uso, lo que podría permitir a un licenciatario utilizar una banda de frecuencia específica en un lugar o durante un periodo determinado. Esto puede hacer posible un uso más intensivo del espectro limitado.

Debate

¿Se deberían permitir los acuerdos de comercialización de espectro entre operadores?

¿Qué papel deberían desempeñar los reguladores en la supervisión de dichos acuerdos?

¿Qué tipo de procedimientos regulatorios son necesarios para garantizar la transparencia y la notificación de los acuerdos voluntarios de comercialización de espectro?

Posición de la industria

Los países deberían contar con un marco regulatorio que permita a los operadores llevar a cabo la comercialización voluntaria de espectro.

El comercio de espectro genera una mayor flexibilidad en la planificación comercial y garantiza que no quede espectro sin utilizarse y que se use para prestar servicios valiosos a los ciudadanos.

Las restricciones del comercio de espectro solo deberían aplicarse cuando existan problemas de competitividad u otros motivos de peso.

Los acuerdos de comercialización de espectro se rigen conforme al derecho comercial y están sujetos a las reglas aplicables a acuerdos de esa naturaleza. También pueden estar sujetos a evaluaciones de acuerdo a la ley de competencia.

Tiene sentido que los gobiernos reciban notificaciones de los acuerdos de comercialización de espectro y que los autoricen. Los requisitos de notificación protegen la transparencia, porque dejan claro quiénes son los titulares de los derechos de uso del espectro y garantizan que los acuerdos de negociación no sean anticompetitivos.

Los gobiernos deberían implementar procedimientos apropiados y eficaces para administrar las solicitudes de notificación de los acuerdos de comercialización de espectro.

Recursos:
Posición de la GSMA ante las políticas públicas: Comercialización del espectro
Respuesta de la GSMA: RSPG public consultation on secondary trading of rights to use spectrum (Consulta pública de RSPG sobre comercio secundario de derechos de uso del espectro)
Informe de CEPT y CEE: Description of Practices Relative to Trading of Spectrum Rights of Use (Descripción de prácticas relativas al comercio de derechos de uso del espectro)

La neutralidad tecnológica y los cambios de uso

Antecedentes

La neutralidad tecnológica es un enfoque de políticas públicas que permite el uso de toda tecnología que no ejerza interferencias en cualquier banda de frecuencia.

En la práctica, esto significa que los gobiernos asignan y adjudican espectro para ciertos servicios (p. ej., radiodifusión, servicios móviles, satélite) sin especificar la tecnología subyacente empleada (p. ej., 3G, LTE o WiMAX).

Muchas de las licencias móviles originales se entregaron para una tecnología específica, como GSM o CDMA, lo que limita la capacidad del titular de la licencia para reorganizar la banda con el uso de otra tecnología más eficiente.

La reorganización se refiere a la reutilización de las bandas de frecuencia asignadas, como las que se han empleado para servicios móviles 2G (con tecnología GSM) para ser usadas con tecnologías más nuevas, como servicios móviles de tercera generación (tecnología UMTS) y de cuarta generación (tecnología LTE).

La asignación de espectro para las telecomunicaciones móviles internacionales es tecnológicamente neutral. Las tecnologías de las telecomunicaciones móviles internacionales, como GPRS, EDGE, UMTS, HSPA, LTE y WiMAX, están estandarizadas para garantizar la coexistencia técnica.

Debate

¿Deberían los gobiernos establecer parámetros técnicos para el uso de una banda o debe ser el mercado el que los determine?

¿Deberían las condiciones de la licencia restringir la capacidad de los operadores para emplear tecnologías más eficientes y adaptarse a los cambios del mercado?

¿Cómo puede gestionarse la coexistencia del espectro de mejor manera para prevenir interferencia entre servicios y entre operadores que usan diferentes tecnologías?

Sabemos que la elección del estándar equivocado puede hacer que nuestras economías se estanquen con largos periodos de desempeño insuficiente, mientras que las soluciones impulsadas por el mercado siempre han generado un entorno mucho más adecuado para la elección de la tecnología.

— Comisaria europea Viviane Reding, 4 de diciembre de 2006

Posición de la industria

Apoyamos la idea de que se adopte un enfoque de las licencias que permita el uso de cualquier tecnología compatible, que no provoque interferencias en las frecuencias de bandas móviles asignadas.

La adopción de planes de banda regionales armonizados garantiza una gestión efectiva de las interferencias entre servicios. Los gobiernos deberían permitir a los operadores desplegar cualquier tipo de tecnología móvil que pueda coexistir técnicamente dentro del plan de bandas internacional.

La neutralidad tecnológica fomenta la innovación y promueve la competencia, permitiendo que el éxito de una tecnología u otra se determine en los mercados, para beneficio de los consumidores y de la sociedad.

Los gobiernos deberían modificar las licencias con requisitos de tecnologías específicas a fin de permitir el despliegue de nuevas tecnologías, de modo que los operadores puedan prestar servicios a más suscriptores y que cada suscriptor reciba servicios más innovadores y de mejor calidad por unidad de banda ancha.

Permitir que los titulares de licencias de espectro cambien la tecnología subyacente de sus servicios (fenómeno denominado «refarming») genera resultados sociales y económicos positivos, y debería autorizarse.

Recursos:
Posición de la GSMA ante las políticas públicas: Change of Use of Spectrum (Cambio de uso del espectro)
Informe GSMA y CEG: Licensing to Support the Broadband Revolution (Concesión de licencias para respaldar la revolución de la banda ancha)

Más a fondo

La banda de 1800 MHz: una historia de éxito de reorganización global para LTE

La ausencia de bandas de frecuencia LTE realmente globales hizo difícil establecer una amplia gama de dispositivos de bajo costo para la primera fase de servicios 4G. También evitó la ampliación internacional de los servicios de roaming.

Puesto que los dispositivos móviles sólo pueden soportar un número limitado de bandas de frecuencia, la ausencia de bandas armonizadas significa que los dispositivos sólo pueden utilizarse y venderse en un número limitado de mercados. Este problema quedó de manifiesto cuando varios de los primeros dispositivos Apple 4G no pudieron funcionar en algunas redes 4G de diferentes países, ya que no soportaban las bandas de frecuencia adecuadas.

Una parte vital para la solución de este problema ha sido la banda de 1800 MHz, que tradicionalmente se ha utilizado para los servicios GSM 2G. Esta banda ha sido históricamente uno de los habilitadores clave para dispositivos de bajo costo y los servicios internacionales de roaming, ya que es una de las pocas bandas que está armonizada en todo el mundo.

En los países donde las autoridades reguladoras permiten las licencias de espectro con tecnología neutral, los operadores han podido reorganizar la banda de 1800 MHz para los servicios LTE. La banda de 1800 MHz es ahora la banda de LTE más utilizada en todo el mundo, así como la más compatible con todo tipo de dispositivos móviles. De acuerdo con la Asociación Mundial de Proveedores de Tecnología Móvil (GSA), la banda de 1800 MHz cuenta con el ecosistema de dispositivos más grande entre las bandas LTE, con más de 3889 dispositivos de usuario compatibles a octubre de 2016.

La neutralidad tecnológica y de servicios incentiva la adopción de nuevas tecnologías

La restricción del uso del espectro a tecnologías y servicios particulares agrava el problema de la escasez de espectro y evita que los clientes puedan acceder a nuevos servicios. La eliminación de las restricciones que limitan el uso del espectro a servicios o tecnologías (más allá de los necesarios para gestionar interferencias) permite a un país maximizar los beneficios de sus recursos de espectro de forma continua. La capacidad del operador para introducir tecnologías móviles nuevas y de mayor eficiencia espectral (incluyendo LTE, LTE Advanced y en el futuro 5G) será crucial para alcanzar un crecimiento exponencial de la demanda de servicios de datos móviles. Varios países solo permiten licencias que sean neutrales tecnológicamente después del pago de tasas. Los altos cargos por la modificación de las licencias para que sean neutrales para la tecnología y los servicios arriesgan retrasar que los beneficios de las nuevas tecnologías lleguen a los usuarios finales.

Mapa de los despliegues 4G-LTE por bandas de frecuencia

535 operadores de todo el mundo cuentan con redes LTE activas actualmente, cubriendo 170 países. Dado que muchos operadores utilizan varias bandas de espectro en sus redes LTE, esto supone más de 780 despliegues individuales.

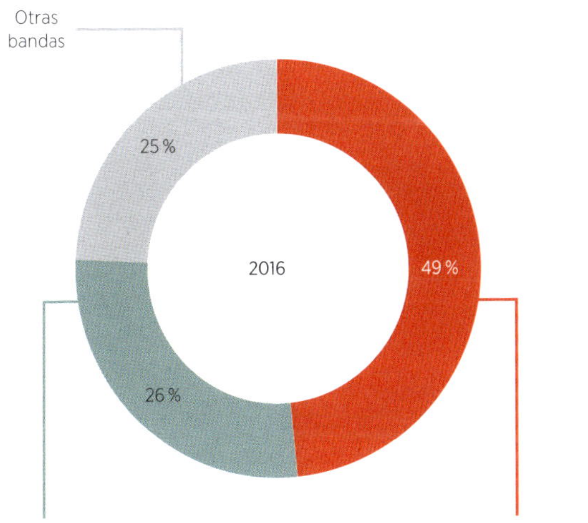

El porcentaje de despliegues que utilizan bandas del Dividendo Digital se ha reducido del 27 por ciento en 2015 al 26 por ciento en 2016

Hasta la fecha, la mayoría de los despliegues de 4G-LTE realizados en el mundo se han llevado a cabo sobre espectro reorganizado en bandas existentes

Desglose de bandas	MHz
Dividendo Digital	700, 800
2G/3G reorganizado	850, 900, 1500, 1700/2100, 1800, 1900/2100, 2100
Otras bandas	2300, 2500, 2600, 3500, 3600

Fuente: GSMA Intelligence

TV White Space

Antecedentes

En la actualidad, se están estudiando varios enfoques para ayudar a mejorar la cobertura de banda ancha en zonas rurales, incluidas las brechas que puedan existir entre los usuarios del espectro con licencia. La expresión "espacio en blanco" se utiliza con frecuencia para describir estas brechas: las partes de una banda de espectro que no se utilizan en un momento dado en una región geográfica.

Normalmente, el TV White Space (TVWS, por sus siglás en inglés) describe espectro en las bandas de transmisión televisiva (470–790 MHz en Europa y 470–698 MHz en el continente americano por ejemplo).). Debido a la separación geográfica necesaria entre las estaciones de televisión en los mismos canales adyacentes hay cantidades variables de espectro no utilizado.

La cantidad real depende del número de canales de televisión en un área específica y áreas cercanas. Es importante señalar que las áreas geográficas deseables desde el punto de vista comercial, como las zonas urbanas y suburbanas con alta densidad de población y comercial, tienen normalmente pocas bandas blancas televisivas.

Debate

¿Qué enfoque deberían tomar los reguladores en torno al TVWS?

¿Qué retos enfrentan las redes de TVWS?

¿Qué papel puede desempeñar la tecnología para ayudar a conectar a todos y todo?

El excesivo entusiasmo por establecer modelos de compartición sin licencia no puede ignorar un modelo que ha demostrado ofrecer inversiones, innovación y puestos de trabajo: las licencias exclusivas. Tanto la industria como los gobiernos deben continuar trabajando para despejar y asignar el espectro público donde sea posible.

— Joan Marsh, vicepresidenta senior de regulación federal de AT&T

Posición de la industria

Las redes de TVWS hacen uso oportunista de los espacios en blanco para proporcionar en general, servicios a pequeña escala, a título secundario y sin licencia. Eso significa que no se les permite interferir con las señales de televisión, los principales usuarios del espectro. Dado que el espectro es compartido, los dispositivos solo pueden funcionar si hay espacio en blanco disponible y otros dispositivos de TVWS no lo están utilizando. Como tal, no hay garantía de que los usuarios podrán mantenerse conectados o conectarse en absoluto.

Para que el TVWS funcione, es necesario evitar cuidadosamente la interferencia con licenciatarios principales, tales como emisoras de televisión existentes y otros dispositivos y servicios de TVWS en bandas adyacentes. Esta tecnología aún no se ha probado, incluso en los mercados más desarrollados.

No se debería permitir que el despliegue de los servicios TVWS interrumpa la concesión de licencias de las bandas del Dividendo Digital para los servicios de banda ancha móvil (es decir, 800 MHz, 700 MHz y cada vez más en el futuro, la banda de 600 MHz también). El Dividendo Digital es fundamental para extender los servicios móviles de banda ancha probados comercialmente a través de países enteros, incluidas zonas rurales.

Las ventajas de los servicios móviles con licencia, en comparación con el enfoque sin licencia secundaria de TVWS incluyen: un ecosistema más maduro y desarrollado, mayor confiabilidad, mayor calidad del servicio y aumento de la cobertura (debido a los límites de potencia más altos para dispositivos con licencia).

Se necesitan soluciones reglamentarias y técnicas nuevas para conectar a todos. Las redes de TVWS pueden utilizarse para proporcionar el sustento para puntos de acceso Wi-Fi en zonas rurales donde no hay conectividad celular.

Aun así, se enfrentan a desafíos relacionados con la disponibilidad de equipos, costos y calidad de servicio. Las autoridades públicas deben considerar cuidadosamente esto a la hora de tomar decisiones a largo plazo sobre las asignaciones de espectro. Lo mismo ocurre cuando se considera la mejor manera de satisfacer las futuras metas de banda ancha.

Recursos:
GSMA Public Policy Position on TV White Space (Posicionamiento de política pública de GSMA sobre el espacio en blanco televisivo)
GSMA Europe response to Radio Spectrum Policy Group 2010 Work Programme (Respuesta de GSMA Europa al programa de trabajo del grupo sobre política de espectro de radiofrecuencia de 2010)
Blog sobre políticas públicas de AT&T: The Power of Licensed Spectrum (El poder del espectro con licencia)

Protección de los consumidores

La comunicación móvil trae una serie de beneficios y oportunidades a los 4700 millones de personas en todo el mundo que están ahora conectados. Sin embargo, también crea nuevos retos en cuanto a cómo mantener a esas personas a salvo y seguras al usar servicios de voz y datos, garantizando al mismo tiempo que tengan control sobre sus datos personales y la privacidad.

Por lo tanto, es esencial para la industria de la tecnología móvil ofrecer tecnologías seguras, servicios y aplicaciones que inspiren confianza. Al mismo tiempo, hay una necesidad de educar a los consumidores acerca de los riesgos potenciales asociados con la conectividad y concientizar sobre las medidas que pueden tomar para evitarlos.

La industria de la tecnología móvil se toma muy en serio la protección del consumidor. La GSMA y sus miembros trabajan con gobiernos, organizaciones multilaterales y organizaciones no gubernamentales para abordar las preocupaciones relacionadas con la protección de los consumidores.

- Definir y promocionar prácticas recomendadas a escala mundial.
- Crear y tomar parte en coaliciones intersectoriales.
- Liderar iniciativas técnicas.
- Encargar investigaciones que ofrezcan información y evidencia basada en la realidad.

Las siguientes páginas constituyen una breve exposición del trabajo llevado a cabo por la industria móvil para asegurarse de que los consumidores estén adecuadamente informados y protegidos mientras disfrutan de la amplia gama de beneficios que la tecnología móvil puede aportar.

Los niños y la tecnología móvil

Antecedentes

Los niños y los adolescentes son usuarios entusiastas de la tecnología móvil. El informe de 2015 sobre el Uso de teléfonos móviles por parte de los niños: una comparación internacional, revela que el 67 por ciento de los niños de entre 8 y 18 años de los países estudiados utilizaban un teléfono móvil, y un 85 por ciento de estos niños utilizaban dicho teléfono móvil para acceder a Internet. Su conocimiento de las aplicaciones y las plataformas móviles es a menudo superior al de sus padres, tutores y educadores, y el informe comparativo internacional confirmó que los niños utilizan los servicios de redes sociales más que sus padres.

Para un número cada vez mayor de jóvenes, la tecnología móvil es una herramienta cada vez más importante para comunicarse, acceder a información y entretenimiento, aprender, jugar y ser creativo. A medida que la tecnología móvil se va introduciendo cada vez más en la vida diaria, los operadores de telefonía móvil pueden desempeñar un papel importante en la promoción y protección de los derechos de los niños.

Los teléfonos móviles pueden ser elementos clave a la hora de acceder a:

- Habilidades para la vida laboral.
- Mejora de la educación y el aprendizaje formales e informales.
- Información y servicios para contribuir a la salud, el bienestar y el apoyo.
- Un mayor nivel de compromiso social y cívico.
- Oportunidades para jugar y ser creativos.

Los dispositivos móviles desempeñan un papel cada vez más importante en la educación formal y en el aprendizaje informal. En las zonas en desarrollo y rurales, así como en otros lugares donde algunas personas (en especial las niñas) están excluidas de la educación formal, la conectividad móvil ofrece nuevas oportunidades de aprendizaje.

Los dispositivos móviles, al igual que cualquier otra herramienta, pueden utilizarse para causar daño. Por este motivo, los niños requieren orientación y un entorno seguro que les permita beneficiarse de las ventajas de las tecnologías móviles.

La industria móvil ha tomado medidas activas en materia de protección de la infancia en línea. La GSMA ha liderado iniciativas autoregulatorias relacionadas con asuntos como los controles parentales, la educación y la concientización.

Debate

¿A qué peligros potenciales se exponen los niños en el entorno online?

¿Qué grado de protección puede ofrecer la tecnología a los jóvenes frente a las amenazas online, y qué papel desempeña la concientización y la educación de los consumidores?

Estamos agradecidos por el liderazgo mostrado por los miembros de la Alianza Móvil de la GSMA a la hora de luchar contra la distribución en línea de material relacionado con abusos sexuales a menores. Su acción coordinada ayuda a establecer estándares en el sector y muestra el tipo de medidas que puede adoptar la industria a la hora de proteger los derechos de los niños en la sociedad digital actual.

— Eija Hietavuo, Directora de Responsabilidad Social Corporativa, UNICEF

¿Es suficiente lo que está haciendo la industria para proteger a los niños cuando están online? ¿Qué papel desempeñan los padres y los educadores?

¿Deberían los gobiernos introducir regulación que obligue a los operadores móviles a tomar medidas para proteger a los niños de los riesgos a los que están expuestos en línea?

¿Constituyen las inquietudes relativas a los riesgos online un impedimento para sacar el máximo partido a las oportunidades de aprendizaje y educación móviles?

Posición de la industria

Los dispositivos y los servicios móviles mejoran las vidas de los jóvenes. Esta perspectiva necesita ser adoptada, fomentada y entendida por todas las partes interesadas para garantizar que los jóvenes obtengan los máximos beneficios de la tecnología móvil.

La mejor forma de abordar la protección de la infancia en línea es a través de los esfuerzos conjuntos de diversas partes interesadas. La GSMA participa en iniciativas internacionales relacionadas con la protección de los niños online —como el programa Protección de la Infancia en Línea (PIeL) de la UIT— y colabora con gobiernos y reguladores que trabajan en esa área.

En estrecha colaboración con UNICEF, la GSMA y los operadores móviles miembros de la asociación, así como otras organizaciones, entre las que se incluyen el Centro Internacional para Menores Desaparecidos y Explotados (ICMEC), INHOPE y la INTERPOL, organiza talleres sobre este tema para las múltiples partes interesadas, tanto a escala nacional como regional. Estos talleres reúnen a formuladores de políticas públicas, ONGs, fuerzas de seguridad y miembros del sector para facilitar el desarrollo de enfoques colaborativos para un uso seguro y responsable de Internet.

A través de su programa de mYouth, la GSMA también trabaja en estrecha colaboración con Child Helpline International para fomentar la colaboración entre operadores móviles y líneas de ayuda para menores en la promoción de los derechos del niño, en particular su derecho a que sean escuchados, y trabajar juntos en áreas de interés mutuo, tales como una Internet más segura. Más aún, la GSMA lidera varias iniciativas para promocionar el uso seguro de los servicios móviles entre los jóvenes, proporcionar estudios prácticos sobre la seguridad de los niños online y reunir datos sobre el uso que los jóvenes hacen de sus dispositivos móviles en distintas partes del mundo.

Los jóvenes son esenciales para la evolución del sector de los servicios móviles, porque representan la primera generación que ha crecido en un mundo conectado y siempre activo. Los jóvenes son los consumidores y los innovadores del futuro. Ellos serán los autores de la próxima ola de innovación en el sector móvil.

Recursos:

Sitio web de UNICEF Guidelines for Industry on Child Online Protection (Directrices de la UNICEF para el sector sobre la protección infantil en la red)

Sitio web de UNICEF Tools for companies in the ICT sector (Herramientas de UNICEF para las empresas del sector de las TIC)

Sitio web de la Coalición TIC

Sitio web de mYouth de GSMA

Informe de la GSMA: Children's Use of Mobile Phones, An International Comparison 2015 (Utilización de los teléfonos móviles por los niños: comparación internacional 2015)

Datos y cifras

Uso de los celulares por parte de los niños en Argelia, Egipto, Irak y Arabia Saudita

Desde 2008, la GSMA ha colaborado con el Instituto de Investigación de la Sociedad Móvil de NTT DOCOMO en un proyecto de varios años para entender de mejor manera cómo utilizan los teléfonos móviles los niños y adolescentes entre 8 y 18 años edad en todo el mundo.

El estudio es de tipo comparativo, y normalmente abarca cuatro o cinco países diferentes. Algunas preguntas estándar, realizadas tanto a los niños como a los padres desde el principio del programa, permiten realizar comparaciones extensas año por año en áreas como la edad a la que se posee el primer teléfono móvil y los motivos para contar con un dispositivo de este tipo, así como las preocupaciones de los padres acerca del uso que sus hijos hacen del teléfono móvil. Se añadieron nuevas preguntas para estudiar la evolución de las vidas móviles de los niños. Un estudio más reciente, por ejemplo, le preguntó a los niños acerca del acceso a las redes sociales a través de los teléfonos móviles y sobre cómo gestionaban su configuración de privacidad. Los países que forman parte del estudio pueden obtener conocimientos claros de los hábitos móviles reales de los usuarios más jóvenes y de este modo desarrollar estrategias para promover un uso seguro y responsable de los teléfonos móviles con bases sólidas.

El **85 %** de los niños que utilizan teléfonos móviles accede al Internet móvil. Esta cifra aumenta hasta el **90 %** si nos fijamos únicamente en usuarios infantiles de smartphones.

Las aplicaciones más populares utilizadas por los niños son aplicaciones de entretenimiento **(78 %),** seguidas por las aplicaciones de comunicación como las redes sociales o mensajería instantánea **(68 %)**

El **70 %** de los niños encuestados afirma que tener un teléfono móvil aumenta su nivel de confianza

El **50 %** de los niños que utilizan los servicios de redes sociales dicen que su perfil es privado y el **90 %** dice que son capaces de cambiar su configuración de privacidad por sí mismos.

El **91 %** de los niños usan la cámara de su teléfono móvil o un teléfono inteligente y casi la mitad mira películas o videos en su teléfono móvil

Casi el **60 %** de los niños tienen más de 100 amigos en los servicios de redes sociales, y aproximadamente el **70 %** incluye a sus padres en su lista de amigos

Casi el **70 %** de los padres establece normas sobre la cantidad de horas y el lugar donde sus hijos pueden usar sus teléfonos móviles y el **40 %** tienen funciones de control parental activadas en los teléfonos móviles de sus hijos.

10 años es la edad más común en la cual los niños reciben su primer teléfono móvil

El **90 %** de los niños que utilizan smartphones han descargado aplicaciones

El **45 %** de los niños que utilizan teléfonos móviles hacen uso de servicios basados en la ubicación.

El uso de los servicios de redes sociales aumenta con la edad, alcanzando más del **80 %** de los niños a los 15 años

El **65 %** de los niños que utilizan los servicios de redes sociales se comunican con «nuevos amigos» en línea.

Fuente: GSMA y NTT DOCOMO

Más a fondo

Acerca de la Coalición TIC

La Coalición TIC para el Uso Seguro de Dispositivos Conectados y los Servicios en Línea por niños y jóvenes en la UE (www.ictcoalition.eu) está compuesta por 23 empresas del sector de las Tecnologías de la información y la comunicación (TIC). Los miembros de la Coalición TIC se comprometen a fomentar el uso seguro y responsable de los servicios en línea y los dispositivos de acceso a Internet entre los niños y jóvenes, y a empoderar a padres y cuidadores en este asunto, así como ayudarles a proteger a sus hijos en el mundo digital.

Los principios son de máximo nivel, permitiendo su aplicación para evolucionar del mismo modo que lo hacen las propuestas tecnológicas y de los consumidores, y para facilitar su adopción por diferentes empresas y servicios. Entre los miembros de la Coalición TIC destacan proveedores de Internet y de servicios en línea como Google y Facebook, fabricantes de dispositivos y operadores móviles como Deutsche Telekom, KPN, Orange, Portugal Telecom, TDC, Telecom Italia, Telefónica, Telenor, TeliaSonera y Vodafone.

Los miembros de la Coalición TIC están obligados a especificar cuál es el desempeño de su organización respecto de los seis principios relacionados con el contenido en línea, los controles parentales, el abuso o uso indebido de la tecnología, el abuso infantil y los contactos ilegales, la privacidad y el control, y la educación y concientización.

Campos electromagnéticos y seguridad de los dispositivos

Antecedentes

Según la Organización Mundial de la Salud (OMS), las señales radioeléctricas de los dispositivos móviles que cumplen las recomendaciones de seguridad internacionales no implican riesgo alguno para la salud.

Sin embargo, estudios realizados revelan la posibilidad de un incremento del riesgo de tumores cerebrales entre los usuarios de teléfonos móviles a largo plazo. Como resultado, el Centro Internacional de Investigaciones sobre el Cáncer clasificó las señales radioeléctricas como posible carcinógeno humano en mayo de 2011. Las autoridades sanitarias han indicado que dada la incertidumbre científica actual y la falta de respaldo de los datos sobre tendencias en relación con el cáncer, esta clasificación se debería tomar como una señal de que es necesario realizar más investigaciones. También han recordado a los usuarios de teléfonos móviles que pueden adoptar medidas prácticas para reducir la exposición, como los kits manos libres o el uso de mensajes de texto.

El cumplimiento normativo de los teléfonos móviles se basa en la evaluación de la tasa de absorción específica (SAR), que es la cantidad de energía de radiofrecuencia (RF) que absorbe el cuerpo.

Los teléfonos móviles utilizan un mecanismo de «control de potencia adaptativo» para utilizar la mínima potencia de transmisión necesaria para mantener la calidad de la llamada. Cuando la cobertura es buena, el nivel de emisión de RF puede ser semejante al de un teléfono inalámbrico doméstico.

A algunos padres les preocupa que el uso de teléfonos móviles o la proximidad de las estaciones base a las escuelas, guarderías o lugares de residencia pueda suponer un riesgo para sus hijos. Las autoridades nacionales de algunos países han recomendado la aplicación de restricciones cautelares al uso de los teléfonos móviles por los menores. Otras, sin embargo, como es el caso de la Agencia de Alimentos y Medicamentos (FDA) de los Estados Unidos, han concluido que la evidencia científica disponible en la actualidad no justifica la adopción de otras medidas que las directrices de seguridad internacionales existentes.

La OMS está realizando en la actualidad una evaluación exhaustiva de los riesgos de las señales radioeléctricas para la salud, incluyendo las de los teléfonos móviles. La publicación de sus conclusiones está programada para 2017.

Debate

¿Hay una base científica para que los usuarios de teléfonos móviles limiten su exposición?

¿Suponen las señales de radiofrecuencia un riesgo para los niños?

¿Dónde pueden los interesados encontrar los estudios y las recomendaciones más recientes?

Posición de la industria

Los gobiernos deberían adoptar los límites internacionales de la tasa de absorción recomendada por la OMS y exigir a los fabricantes de dispositivos declaraciones de cumplimiento normativo basados en estándares técnicos internacionales.

Invitamos a los gobiernos a proporcionar a los consumidores y a los padres información y orientaciones prácticas voluntarias basándose en la posición de la OMS.

La GSMA considera que los padres deben tener acceso a información precisa que les permitan decidir por sí mismos si sus hijos deben usar tecnologías inalámbricas, y en caso afirmativo, cuándo deben hacerlo.

Los individuos que tengan inquietudes al respecto pueden optar por limitar su exposición reduciendo la duración de sus llamadas o usando dispositivos de manos libres que pueden mantenerse alejados de la cabeza y el cuerpo. Los auriculares Bluetooth usan intensidades de transmisión muy bajas y reducen la exposición.

La tasa de absorción específica se determina a partir del nivel de potencia más alto certificado en condiciones de laboratorio. Sin embargo, la tasa de absorción específica real del teléfono durante su uso puede ser muy inferior a la de este valor de laboratorio. La diferencia en los valores de tasa de absorción específica no supone una diferencia en los niveles de seguridad.

Recursos:

Sitio web del Proyecto Internacional CEM de la Organización Mundial de la Salud.

Sitio web de la Monografía de la Agencia Internacional para la investigación del cáncer en campos de radiofrecuencia.

GSMA Comunicaciones móviles y salud: sitio web de análisis de expertos independiente.

Sitio web del Programa SAR Tick (Verificación de SAR) del Foro de fabricantes de dispositivos móviles.

Sitio web de la Guía sobre CEM de la UIT

Más a fondo

Dictamen de las autoridades sanitarias sobre los estudios científicos

En las dos últimas décadas, un gran número de estudios científicos han evaluado los riesgos potenciales de los teléfonos móviles para la salud de los usuarios. Hasta la fecha, ningún efecto adverso para la salud causado por el uso de teléfonos móviles se ha podido establecer.

— Hoja de datos de la OMS 193, octubre 2014

Se siguen realizando estudios sobre RF en diferentes áreas, pero los datos disponibles actualmente no ofrecen ninguna prueba clara o concluyente de ningún otro efecto. Por este motivo, el Comité y el Ministerio de Salud siguen apoyando el uso de los límites de exposición para campos de RF establecidos en la norma actual de Nueva Zelanda, que se basa en las directrices publicadas por un organismo científico internacional reconocido por la OMS debido a su independencia y conocimientos en este campo. Estas directrices se publicaron por primera vez en 1998 y se validaron, tras estudios más recientes, en 2009.

— Ministerio de Salud (Nueva Zelanda), 2015

Toda la información recolectada no proporciona indicios o genera pequeños indicios de riesgo de hasta aproximadamente 15 años de uso del teléfono móvil. No hay datos empíricos disponibles por un uso más extenso; sin embargo, las tasas de cáncer en Suecia y otros países no muestran ningún aumento que pudiera atribuirse a la utilización masiva del teléfono móvil que comenzó a principios de este siglo. No hay indicios a partir de los pocos estudios con células cultivadas, que los campos de RF sean capaces de iniciar un tumor. Se han realizado muchos estudios en animales utilizando un amplio espectro de tipos de tumores y exposición a largo plazo, a menudo de por vida. Con muy pocas excepciones, no se ha detectado ningún efecto de la exposición a la RF sobre el crecimiento tumoral y su desarrollo.

— Agencia Sueca de Seguridad Radiológica, 2016

> El Comité considera que es poco probable que la exposición a campos de radiofrecuencia, que se asocia con el uso de los teléfonos móviles, cause cáncer. Los datos recogidos de estudios en animales indican una posibilidad de un efecto promotor, pero no es claro si esto podría explicar el aumento del riesgo de tumores en el cerebro, cabeza y cuello que se ha observado en algunos estudios epidemiológicos. El Comité considera que es más probable que una combinación de sesgo, confusión y azar podría ser una explicación para las observaciones epidemiológicas.
>
> — Consejo de la Salud Pública de los Países Bajos, 2016

Control personal de la exposición

Los usuarios de teléfonos móviles que sigan preocupados respecto de los posibles riesgos de los CEM, pueden adoptar pequeñas medidas para reducir significativamente sus niveles de exposición personal. Los teléfonos móviles incrementan su potencia de transmisión cuando la señal es débil, cuando están en movimiento y en áreas rurales. Por lo tanto, si desean reducir sus niveles de exposición, los usuarios pueden usar sus teléfonos móviles en el exterior, en áreas urbanas y sin moverse mientras los utilizan.

Usar el teléfono móvil...		
Al aire libre	Sin moverse	En la ciudad
genera niveles de exposición hasta un...		
80 % inferiores	50 % inferiores	50 % inferiores
en comparación a su uso...		
En interiores	En movimiento	En zonas rurales

Fuente: GSMA

Campos electromagnéticos y salud

Antecedentes

Se lleva más de 50 años investigando sobre la seguridad de las señales radioeléctricas, lo que ha llevado al establecimiento de unos estándares de exposición que incluyen factores de reducción que proporcionan protección contra todos los riesgos establecidos para la salud.

En 1996, la Organización Mundial de la Salud (OMS) estableció el Proyecto Internacional sobre CEM para evaluar los efectos que la exposición a campos eloctromagnéticos procedentes de cualquier fuente tiene sobre la salud y el medioambiente. La OMS analiza los estudios que se llevan a cabo y ofrece recomendaciones en cuanto a la investigación para respaldar evaluaciones de los riesgos para la salud.

Numerosos grupos de expertos y agencias de salud pública —como la Organización Mundial de la Salud (OMS)— coinciden en señalar que no se han relacionado riesgos para la salud con la exposición a las señales radioeléctricas de baja frecuencia usadas para las comunicaciones móviles.

La OMS y la Unión Internacional de Telecomunicaciones (UIT) recomiendan a los gobiernos adoptar límites de exposición a radiofrecuencias (RF) acordes con lo establecido por la Comisión Internacional sobre la Protección contra la Radiación No Ionizante (ICNIRP).

En la actualidad, la OMS está realizando una evaluación de los riesgos asociados con las señales de radiofrecuencia. Se prevé que los resultados, que incluirán recomendaciones para la adopción de políticas por parte de los gobiernos, estén listos en 2017.

Debate

¿Tiene alguna implicancia sobre nuestra salud el uso regular de un teléfono móvil o vivir cerca de una estación base?

¿Hay algún beneficio en adoptar límites de exposición a campos electromagnéticos (CEM) para redes o dispositivos móviles?

¿Qué límites de exposición a campos electromagnéticos (CEM) se deberían especificar para las estaciones base?

¿Deberían establecerse restricciones especiales para proteger a niños, embarazadas u otros grupos potencialmente vulnerables?

Posición de la industria

Las autoridades nacionales deberían poner en práctica políticas relacionadas con los CEM basadas en las pruebas científicas, de acuerdo con las recomendaciones internacionales y los estándares técnicos.

Diferencias marcadas entre los límites nacionales y las directrices internacionales pueden crear confusión y aumentar la preocupación del público. La coherencia es fundamental. Los gobiernos deberían:

- Basar sus políticas en fuentes de información confiables, como la OMS, autoridades sanitarias internacionales de prestigio y científicos expertos.
- Establecer una política nacional que abarque la ubicación de los mástiles, creando un equilibrio entre el despliegue efectivo de redes y la debida atención a las inquietudes del público.
- Aceptar las declaraciones de los operadores móviles respecto del cumplimiento normativo de los niveles internacionales de radiofrecuencias utilizando estándares técnicos de organizaciones como la Comisión Electrotécnica Internacional (CEI) y la UIT.
- Comunicarse de forma activa con el público basándose en las posiciones de la OMS para abordar sus inquietudes.

Los padres deben tener acceso a información precisa que les permita decidir si sus hijos deben usar teléfonos móviles y, en caso afirmativo, cuándo deben hacerlo. La posición actual de la OMS es que las directrices de seguridad internacionales protegen a la totalidad de los ciudadanos con un margen de seguridad muy amplio y que no hay base científica para restringir el uso de teléfonos móviles por los niños o la ubicación de estaciones base.

La industria móvil trabaja con gobiernos nacionales y locales para ayudar a dar respuesta a las preocupaciones del público en relación con las comunicaciones móviles. La adopción de políticas nacionales basadas en evidencias en relación con los límites de exposición y ubicación de las antenas, consultas públicas e información pueden ofrecer seguridad a la ciudadanía.

Actualmente, es necesario realizar estudios de alta calidad para poder evaluar los riesgos para la salud, desarrollar estándares de seguridad y ofrecer información para divulgar el desarrollo de políticas. Los estudios deben seguir las buenas prácticas de laboratorio para las investigaciones asociadas con los CEM y regirse por contratos que fomenten la publicación abierta de los resultados en publicaciones científicas revisadas por especialistas.

Recursos:
Sitio web del Proyecto Internacional CEM de la OMS
Informe GSMA: Arbitrary Radio Frequency Exposure Limits — Impact on 4G Network Deployment (Límites arbitrarios de exposición a radiofrecuencias: impacto en el despliegue de redes 4G)
Informe GSMA: La tecnología LTE y la salud
Sitio web sobre las actividades del UIT-T sobre la exposición humana a EMF
Sitio web de la Guía sobre CEM de la UIT

Más a fondo

Una mirada global a los límites de exposición a la red móvil

La Organización Mundial de la Salud (OMS) respalda las directrices de la Comisión Internacional para la Protección contra la Radiación No Ionizante (ICNIRP) y estimula a los países a adoptarlas. Si bien numerosos países han adoptado estas recomendaciones, algunos han optado por límites diferentes o han introducido medidas adicionales en lo referente a la ubicación de las estaciones base.

Este mapa refleja el enfoque de los límites de exposición a la radiofrecuencia (RF) que los países han adoptado para los sitios de antenas de comunicaciones móviles. La mayoría de los países del mundo han adoptado las directrices ICNIRP de 1998 o las de la Federal Communications Commission de EE.UU.

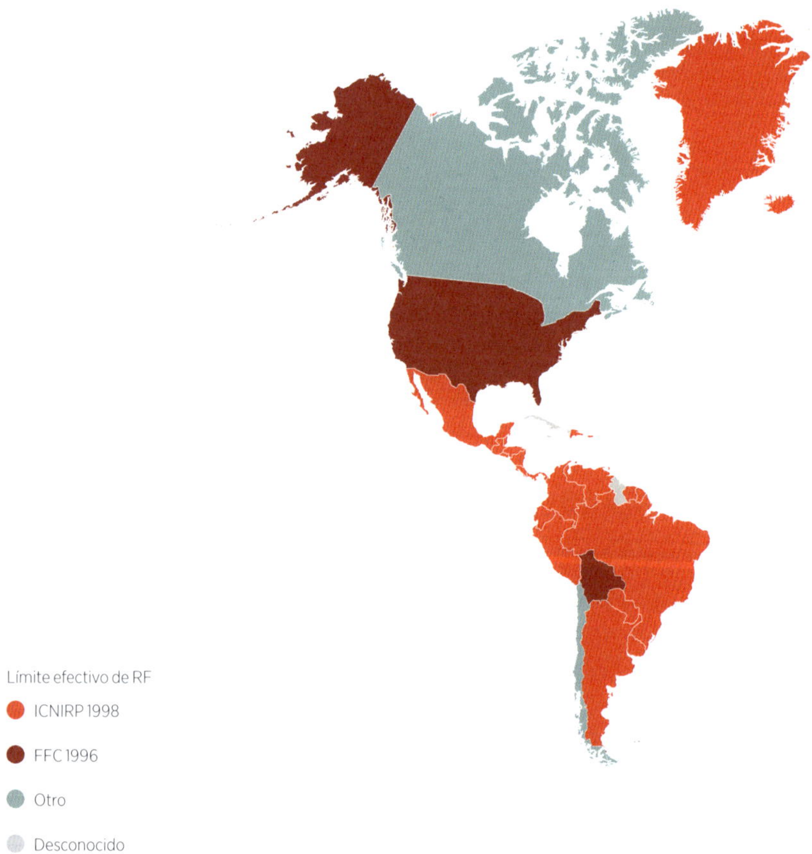

En determinados casos (ej., China y Rusia) los límites históricos no se han actualizado para reflejar los avances del conocimiento científico. En otros casos, los límites de RF aplicables a las redes móviles pueden ser el resultado de reducciones arbitrarias introducidas como respuesta política a inquietudes públicas.

Exceptuando los países o territorios con límites desconocidos, 124 países aplican las directrices ICNIRP, 11 siguen los límites de la FCC desde 1996, y 36 tienen otros límites. Aunque el mapa solo usa un color para la categoría 'otros', hay muchas diferencias entre estos países en los valores límite y en su aplicación.

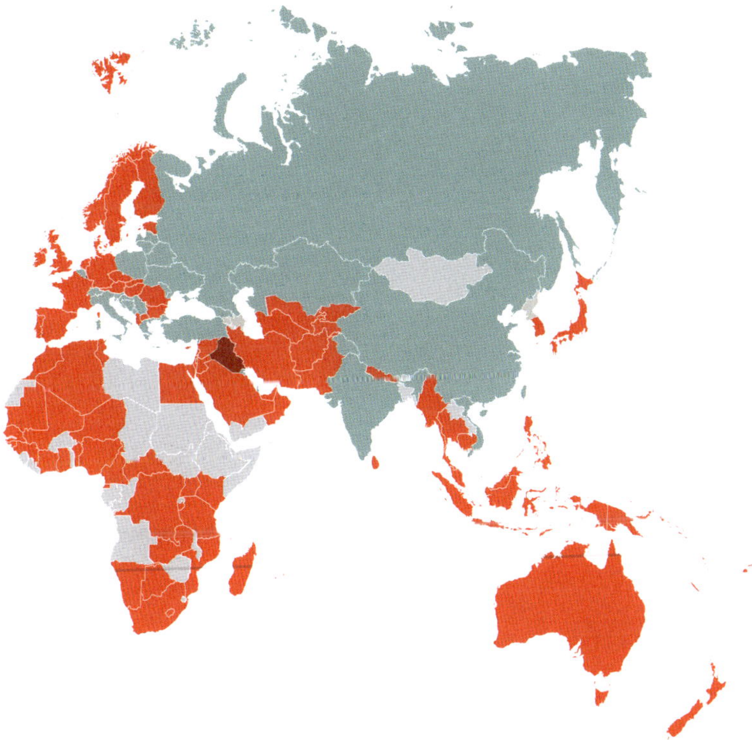

Desechos electrónicos (eWaste)

Antecedentes

Los desechos electrónicos, también conocidos como desechos de aparatos eléctricos y electrónicos (RAEE), son un tipo de desecho generado cuando los dispositivos relacionados con el sector de las tecnologías de la información y la comunicación (TIC) alcanzan el final de su vida útil. Los componentes y materiales que componen los desechos electrónicos contienen metales preciosos o de gran valor que se pueden reciclar al final de la vida útil del dispositivo. Sin embargo, también contienen materiales peligrosos que se deben tratar de forma responsable y en conformidad con la legislación medioambiental correspondiente.

Como parte del sector de las TIC, los operadores móviles generan desechos electrónicos durante los periodos de renovación tecnológica y también por el suministro normal de productos a los clientes (como routers, teléfonos celulares y tabletas).

Los operadores móviles de todo el mundo han desarrollado programas de gestión de RAEE tanto para mantener la conformidad con la legislación actual como también a su deseo por cumplir sus propios objetivos de sostenibilidad y responsabilidad social corporativa.

No obstante, en algunas regiones, como en América Latina, existe un vacío legal en relación con la gestión de los desechos electrónicos. Lamentablemente, eso significa que no está claro el concepto de responsabilidad ampliada del productor (RAP).

Normalmente, las normas sobre RAP establecen las funciones y responsabilidades de los productores, importadores y distribuidores de equipos en la cadena de los desechos electrónicos. La ausencia de reglas claras hace que los operadores de América Latina tengan dificultades para gestionar los desechos electrónicos generados en sus operaciones. En algunos casos, incluso se han hecho cargo del 100 por ciento de la responsabilidad operativa y económica de la gestión de los desechos electrónicos de sus clientes, mientras que en la mayoría de las regiones esta responsabilidad se comparte entre varias partes, incluidos los fabricantes de equipos, importadores y distribuidores.

Además, los operadores se enfrentan a otros retos, como la falta administradores calificados de desechos electrónicos en algunos países, los elevados costos del transporte y almacenamiento de los desechos electrónicos y las restricciones (debido al Convenio de Basilea) para la exportación de equipos a países donde podrían tratarse de forma adecuada.

Debate

¿Cómo se debería compartir la responsabilidad del procesamiento de los desechos electrónicos entre las diferentes partes del sector, incluidos los operadores, fabricantes de equipos, importadores y distribuidores?

¿Cómo es posible distinguir entre los desechos electrónicos y equipos electrónicos usados destinados para su reutilización?

Posición de la industria

La gestión eficaz de los RAEE a nivel de país y empresa se deben basar en marcos regulatorios específicos que reconozcan los riesgos medioambientales que presentan los desechos electrónicos, y también el potencial para la recuperación eficiente de los recursos. Este marco garantizaría la ausencia de ambigüedades entre las diferentes partes responsables de la gestión de los desechos electrónicos y permitiría saber cómo actuar para cumplir las directrices acordadas.

Los operadores móviles han reconocido hace tiempo la importancia de la gestión de los RAEE.

Por este motivo, en regiones como América Latina, han señalado de forma activa las lagunas en los diferentes sistemas legales y han comunicado los retos a los que se enfrentan a la hora de desarrollar sus programas de gestión de RAEE. Además, siguen buscando modos de colaborar con las autoridades medioambientales para definir marcos legales eficaces que promuevan una gestión medioambientalmente responsable de los RAEE.

Teniendo esto en cuenta, han realizado una serie de propuestas en aquellos lugares donde actualmente no existe un marco legal sólido en marcha:

- Las autoridades medioambientales y de telecomunicaciones deberían colaborar para diseñar, promover e implementar políticas, estándares, leyes y programas para una gestión responsable de los RAEE.
- Las autoridades medioambientales correspondientes deberían crear directrices y marcos legales para una gestión de los desechos electrónicos que reconozca el principio de responsabilidad ampliada del productor (RAP).
- Los programas de gestión de RAEE deberían incluir medidas para promover el reciclaje para aumentar la vida útil de los dispositivos y recuperación de materiales. Deben explicar la importancia de estos procesos para la reutilización de los materiales, de modo que se pueda aumentar el valor económico de los dispositivos obtenidos para su reutilización y reciclaje.
- Los gobiernos, fabricantes, importadores, distribuidores y empresas dedicadas a la gestión de los RAEE deberían colaborar para crear campañas de concientización sobre los desechos electrónicos destinadas al público en general. Estas campañas ayudarán a crear una cultura de reciclaje de los RAEE, aumentarán el nivel de concientización entre todos los sectores de la sociedad e impulsarán una mejora de los resultados cuando todas las partes implicadas empiecen a implementar las campañas de gestión de RAEE.

Recursos:
Informe de GSMA y de la Universidad de las Naciones Unidas: eWaste en América Latina - Análisis estadístico y recomendaciones políticas

Acceso gubernamental

Antecedentes

Los operadores de redes móviles a menudo están sujetos a una serie de leyes y/o términos de licencia que los obligan a cooperar con las actividades de los servicios policiales y de seguridad en los países donde operan. Estos requisitos, que son diferentes en cada país, impactan en la privacidad de los clientes de servicios móviles.

Donde existen, estas leyes y términos de licencia requieren normalmente que los operadores retengan datos sobre el uso que sus clientes hacen de los servicios móviles y los comuniquen a los servicios policiales y de seguridad nacional, incluyendo los datos personales de los clientes, cuando les sean solicitados en el marco de la ley. También pueden requerir a los operadores que dispongan de la capacidad de interceptar las comunicaciones de los clientes cuando así se les exija en el marco de la ley.

Estas leyes proporcionan un marco operativo para los servicios policiales y de seguridad y sirven de orientación a los operadores móviles en sus relaciones obligadas con estos organismos.

En algunos países, sin embargo, falta claridad en el marco legal que regula la comunicación de datos confidenciales y la interceptación legal de las comunicaciones de los clientes.

Esto presenta dificultades a la industria a la hora de proteger la privacidad de la información de sus clientes y sus comunicaciones.

La legislación a menudo va un paso atrás de los avances tecnológicos. Por ejemplo, este puede ser el caso de las obligaciones que solo se aplican a operadores de telecomunicaciones establecidos pero no a nuevos entrantes al mercado, como los que proporcionan servicios basados en Internet, como voz sobre IP (VoIP), video o mensajería instantánea.

En respuesta al debate público relativo a cuál es el verdadero alcance del acceso gubernamental a los datos de los suscriptores móviles, una serie de importantes compañías de telecomunicaciones (como AT&T, Deutsche Telekom, Orange, Rogers, SaskTel, Sprint, T-Mobile, TekSavvy, TeliaSonera, Telstra, Telus, Verizon, Vodafone y Wind Mobile) y compañías de Internet (como Apple, Amazon, Dropbox, Facebook, Google, LinkedIn, Microsoft, Pinterest, Snapchat, Tumblr, Twitter y Yahoo!) publican «informes de transparencia» que recogen las estadísticas de las solicitudes gubernamentales que reciben para proporcionar este tipo de datos.

Debate

¿Cuál es el marco legal correcto para garantizar el equilibrio entre el derecho individual a la privacidad y la obligación de un gobierno de garantizar que los servicios policiales y de seguridad puedan proteger a los ciudadanos?

¿Deberían todos los proveedores de servicios de comunicaciones estar sujetos a la misma legislación de interceptación, retención y revelación de datos sobre una base tecnológica neutra?

Si existiera mayor transparencia acerca del número y naturaleza de las solicitudes que los gobiernos hacen a los proveedores de servicios de comunicaciones, ¿contribuiría esto al debate, a mejorar la rendición de cuentas por parte del gobierno y a aumentar la confianza de los consumidores?

Posición de la industria

Los gobiernos deberían asegurarse de contar con un marco legal acorde que especifique con claridad los poderes de vigilancia que están disponibles para los servicios nacionales de policía y de seguridad.

Cualquier interferencia con el derecho a la privacidad de los clientes de los servicios de telecomunicaciones debe hacerse de acuerdo a la ley.

La retención de datos, su revelación y la interceptación de las comunicaciones en el curso de las actividades de los servicios policiales y de seguridad debería hacerse dentro de un marco legal claro y de acuerdo a los procedimientos y autorizaciones especificadas por dicho marco.

Los proveedores de servicios de telecomunicaciones deberían tener a su disposición un procedimiento legal que les permita oponerse a las solicitudes que, en su consideración, excedan los límites de la legislación vigente.

El marco debe ser transparente, adecuado, justificado y compatible con los principios de los derechos humanos, incluyendo las estipulaciones de los convenios internacionales de derechos humanos, como el Pacto Internacional de Derechos Civiles y Políticos.

Debido a la continua expansión de los servicios de comunicaciones, el marco legal debería ser neutral en el plano tecnológico.

Los gobiernos deberían proporcionar limitaciones de responsabilidad apropiados o indemnizar a los proveedores de servicios de telecomunicaciones ante cualquier reclamación legal relacionada con el cumplimiento de las solicitudes y obligaciones relativas a la retención y la revelación de datos y la interceptación de las comunicaciones.

Los costos del cumplimiento de la legislación relativa a la retención y la revelación de datos y la interceptación de las comunicaciones deberían estar a cargo del gobierno. Dichos costos y la base para calcularlos se deben acordar por adelantado.

La GSMA y sus miembros apoyan las iniciativas que buscan mejorar la transparencia gubernamental y la publicación por el gobierno de estadísticas relacionadas con las solicitudes de acceso a los datos de los clientes.

Recursos:

Informe de la Asamblea General de las Naciones Unidas: Guiding Principles on Business and Human Rights: Implementing the United Nations 'Protect, Respect and Remedy' (Principio rectores sobre derechos empresariales y humanos: implementación del marco 'proteger, respetar y remediar' de las Naciones Unidas)

Sitio web de Sixth Form Law — Malone v. The United Kingdom (Ley de sexto formulario: Malone vs. el Reino Unido)

Sentencia del Tribunal Supremo: Ley de regulación de poderes de investigación y retención de datos de 2014 (DRIPA, por sus siglas en inglés)

UK Investigatory Powers Review Report: (Informe sobre la evaluación de los poderes de investigación del Reino Unido) A Question of Trust

Sitio web de la Oficina del Comisionado para asuntos de Privacidad de Canadá

Estudio de caso

Enfoques regulatorios nacionales del acceso gubernamental

Cada vez más, tal como se ve en el Reino Unido, Francia, Alemania y Australia, se están presentando propuestas de ley que, de aprobarse, exigirían a los proveedores de servicios de telecomunicaciones a capturar y retener de forma sistemática los datos de las comunicaciones, a los cuales el gobierno podría acceder automáticamente.

En el Reino Unido, los proveedores de servicios de telecomunicaciones están obligados a retener de forma independiente una serie de datos de cuentas y comunicaciones, y deben garantizar que dichos datos puedan ser puestos rápidamente a disposición de los servicios policiales y de seguridad del Reino Unido, así como de una serie de autoridades públicas. Las autoridades tienen además la potestad de solicitar órdenes al Secretario de Estado para interceptar comunicaciones.

Los dos objetivos principales de la RIPA son: regular los poderes de investigación del Estado y establecer las expectativas legítimas de privacidad de los ciudadanos. Dado que RIPA está sujeta a la supervisión del Comisionado de Vigilancia y el Comisionado de Interceptación, los ciudadanos pueden obtener una compensación en caso de supuestas irregularidades en el acceso a sus datos o comunicaciones, y los proveedores de servicios de comunicaciones que operan en el Reino Unido disponen de un mecanismo para manifestar cualquier inquietud relativa a la legitimidad de las solicitudes que reciben.

En abril de 2014, el Tribunal Europeo de Justicia determinó que la Directiva sobre Retención de Datos de la UE «no era válida», puesto que violaba dos derechos básicos: el respeto a la vida privada y la protección de los datos personales. La Comisión Europea ha destacado que la decisión de introducir o no leyes nacionales sobre la retención de datos tiene un carácter nacional y, por lo tanto, el Reino Unido y otros países de la Unión Europea deberán revisar sus leyes de retención de datos, que exigían a los proveedores de servicios de comunicación que almacenasen los datos de las comunicaciones durante un periodo de hasta dos años.

Mientras tanto, en mayo de 2015, el gobierno alemán anunció sus planes de aprobar una nueva ley de retención de datos que obligará a las compañías de telecomunicaciones a retener 'datos de tráfico' relevantes para las comunicaciones y a entregarlos (en determinadas condiciones) a las fuerzas y agencias de seguridad alemanas. Los activistas por la privacidad en Alemania cuestionaron si estos planes eran constitucionales añadiendo que, en su opinión, el gobierno alemán no había dado una respuesta suficientemente clara a la pregunta de por qué la retención de datos es necesaria.

En julio de 2015, el parlamento francés aprobó una ley que permite a las agencias de inteligencia acceder a llamadas telefónicas y correos electrónicos sin el permiso previo de un juez. La nueva ley obliga a los proveedores de telecomunicaciones y a los proveedores de servicios de Internet a entregar datos de clientes si así se les solicita en el caso de que dichos clientes estén relacionados con una investigación por «terrorismo». Los activistas de los grupos en defensa de las libertades civiles señalaron que esta ley legalizaría los métodos de vigilancia intrusiva sin garantías para la libertad individual y la privacidad.

La Enmienda de la Ley (Retención de datos) (Interceptación y acceso) de telecomunicaciones de Australia (2015) obliga a los proveedores de servicios de telecomunicaciones a retener durante dos años metadatos de telecomunicaciones indicados por las regulaciones. Este periodo de retención de dos años es igual al máximo permitido por la anterior Directiva sobre retención de datos de la UE que el Tribunal de Justicia de la UE declaró no válido.

Más a fondo

Tendencia hacia la transparencia

Muchos de los principales proveedores de comunicaciones y contenidos en Internet, incluyendo a AT&T, Deutsche Telekom, Telenor, Verizon, Vodafone, Apple, Dropbox, Facebook, Google, LinkedIn, Microsoft, Twitter y Yahoo!, publican informes periódicos mostrando los tipos y/o el volumen de solicitudes de información de usuarios por parte de los gobiernos. Normalmente, estos «informes de transparencia» indican cuántas de estas solicitudes dieron lugar a la divulgación de datos de clientes. Estos informes incluyen no sólo la frecuencia de dichas solicitudes, sino también algunos detalles acerca de la información a la que se accede: información sobre cuentas de clientes; metadatos, que pueden revelar la ubicación de una persona, intereses o relaciones; y la interceptación de comunicaciones. Aunque los operadores móviles a menudo no tienen otra opción que satisfacer estas solicitudes, cada vez están presionando más para alcanzar un mayor nivel de transparencia acerca de la naturaleza y el nivel de acceso de los gobiernos.

En un momento de creciente conciencia y debate público acerca de la vigilancia gubernamental y la privacidad en muchos países, esta tendencia a satisfacer las demandas de los gobiernos en busca de datos de comunicaciones (donde es legal hacerlo) ha mostrado el nivel de confianza que tienen los servicios de inteligencia gubernamentales y las agencias que velan por el cumplimiento de la ley en esta información.

El debate político es constante entre ambos bandos: los que afirman que las agencias de la ley y el orden necesitan un acceso amplio para poder luchar contra el crimen, y los que están en contra y luchan por mantener el derecho a la privacidad de los ciudadanos en la era digital.

Al igual que los proveedores de contenidos en Internet, los operadores de redes móviles pueden encontrarse en una situación difícil: obligados a proporcionar acceso legal, al mismo tiempo que garantizar a sus clientes que protegen la información privada de los usuarios. Los informes de transparencia ofrecen información válida para el público y los hacedores de políticas públicas, generando preguntas clave acerca del equilibrio entre el acceso de los gobiernos y la privacidad.

Contenido ilegal

Antecedentes

En la actualidad, las redes móviles no ofrecen solo servicios de voz y mensajería tradicionales, sino que además proporcionan acceso a prácticamente todo tipo de formas de contenido digital a través de Internet. En este sentido, los operadores móviles ofrecen el mismo servicio que cualquier otro proveedor de servicio de Internet (ISP). Como resultado, es inevitable que algunas personas utilicen las redes móviles para acceder a contenidos ilegales, que van desde materiales pirateados que infringen las leyes de propiedad intelectual, a contenidos de carácter racista o material de abuso sexual de menores (pornografía infantil).

La legislación relativa a los contenidos ilegales es muy variada. Ciertos contenidos, como material de pornografía infantil, se consideran ilegales en todos los países del mundo; otros, sin embargo, como las voces que exigen reformas políticas, son ilegales en algunos países, pero están protegidos por el derecho a la libertad de expresión en otros.

Los proveedores de servicios de comunicaciones, incluidos los operadores móviles y los proveedores de servicio de Internet, no son habitualmente considerados responsables de los contenidos ilegales o pirateados de sus redes y servicios, siempre que no sean conscientes de su presencia y sigan ciertas reglas (como los procedimientos de detección y retirada) para retirar o desactivar el acceso a los contenidos ilegales tan pronto como se les notifica su existencia por la autoridad competente.

Normalmente, la notificación de la presencia de contenido ilegal a los operadores móviles proviene de organismos de vigilancia o servicios policiales. Cuando se les notifica la presencia de contenidos ilegales, los operadores siguen procedimientos establecidos de acuerdo a la legislación de protección, privacidad y revelación de datos pertinente. En los casos de contenidos de pornografía infantil, los operadores móviles actúan amparados en sus términos y condiciones de servicio, sus procedimientos de detección y retirada de contenidos y sus mecanismos de denuncia, para mantener sus servicios libres de esos contenidos.

Debate

¿Deberían estar todos los tipos de contenido ilegal, desde las infracciones del derecho a la propiedad intelectual a la pornografía infantil, sujetos a los mismos procedimientos de denuncia y retirada?

¿Qué responsabilidades deberían corresponderle al gobierno, a los servicios policiales y a la industria en relación con la retirada de contenidos ilegales?

INTERPOL está a favor de apoyar a la Mobile Alliance Against Child Sexual Abuse Content, que envía un claro mensaje de sus miembros: tolerancia cero contra la explotación infantil en sus redes. Este tipo de alianzas, y su disposición para colaborar con otras partes implicadas y con la sociedad en general, son extremadamente importantes y sirven como ejemplo de mejores prácticas en este campo.

— Mick Moran, Director adjunto del departamento de tráfico de seres humanos y explotación infantil. INTERPOL

¿Deberían los proveedores de servicio de Internet y los operadores móviles bloquear el acceso a contenidos ilegales en Internet?

Posición de la industria

La industria móvil está comprometida a trabajar con los servicios policiales y la autoridad competente y tener procesos robustos que permitan la rápida retirada o la desactivación de contenidos ilegales confirmados alojados en sus servicios.

Los proveedores de servicios de Internet, incluidos los operadores móviles, no están calificados para determinar qué contenidos son ilegales y cuáles no lo son, ya que son conceptos que cambian considerablemente dependiendo de los países. Por tanto, no puede esperarse que monitoreen y juzguen los materiales de terceros, ya sea por que están alojados en sus redes o porque se pueden acceder a ellos a través de ellas.

La decisión de qué contenidos son ilegales en cada país corresponde al gobierno de ese país. Los gobiernos deberían ser claros y transparentes en la determinación de la legalidad de los contenidos antes de asignar la responsabilidad de hacer cumplir la ley a líneas directas, servicios policiales y la industria móvil.

La industria móvil condena el uso indebido de sus servicios para compartir contenidos de pornografía infantil. La Mobile Alliance Against Child Sexual Abuse Content de la GSMA ofrece liderazgo en este ámbito y trabaja de forma proactiva para combatir el uso indebido de las redes y los servicios móviles por parte de delincuentes que intentan acceder a contenidos de pornografía infantil o compartirlos.

En lo relativo a la infracción de los derechos de autor y piratería, la industria móvil reconoce la importancia de ofrecer una compensación apropiada a los titulares de los derechos, así como de evitar la distribución no autorizada de contenidos.

Recursos:
Documento de referencia de la GSMA: Alianza Móvil contra Contenidos de Abuso Sexual Infantil
Sitio web de delitos contra menores de INTERPOL
Centro Internacional para Niños Desaparecidos y Explotados: Modelo de legislación y reseña global
Sitio web de INHOPE

Más a fondo

La Mobile Alliance Against Child Sexual Abuse Content

La Mobile Alliance Against Child Sexual Abuse Content fue fundada por un grupo internacional de operadores móviles dentro de la GSMA para colaborar con la lucha contra el uso del entorno móvil por parte de personas u organizaciones con el fin de consumir o lucrar a través contenidos de abuso sexual infantil.

Los miembros de la Alianza Móvil se comprometen a:

- Introducir mecanismos técnicos que limiten el acceso a las URL donde una agencia competente y reconocida internacionalmente haya determinado que se aloja pornografía infantil.
- Introducir procedimientos de 'detección y retirada' que hagan posible la retirada de contenidos de pornografía infantil alojados en sus propios servicios.
- Apoyar y fomentar la existencia de líneas directas u otros mecanismos para que los clientes denuncien contenidos de pornografía infantil descubiertos en Internet o en servicios de contenidos móviles.

Mediante una combinación de medidas técnicas, cooperación y uso compartido de la información, la Alianza Móvil se esfuerza para combatir y reducir la presencia de contenidos de pornografía infantil online en todo el mundo.

La Mobile Alliance Against Child Sexual Abuse Content contribuye también en sentido más amplio a la erradicación de contenidos de pornografía infantil online mediante la publicación de orientaciones y kits de herramientas para el beneficio de la totalidad de la industria móvil. Como ejemplo, en colaboración con INHOPE, la asociación internacional de líneas directas, la Mobile Alliance Against Child Sexual Abuse Content ha producido una guía para la creación y gestión de líneas telefónicas especiales, y una guía para la implementación de procesos de detección y retirada con UNICEF. Asimismo, colabora con la Coalición Financiera Europea y la Coalición Financiera contra la Pornografía Infantil.

Procedimientos de la Mobile Alliance Against Child Sexual Abuse Content para Detener los Contenidos de Abuso Infantil

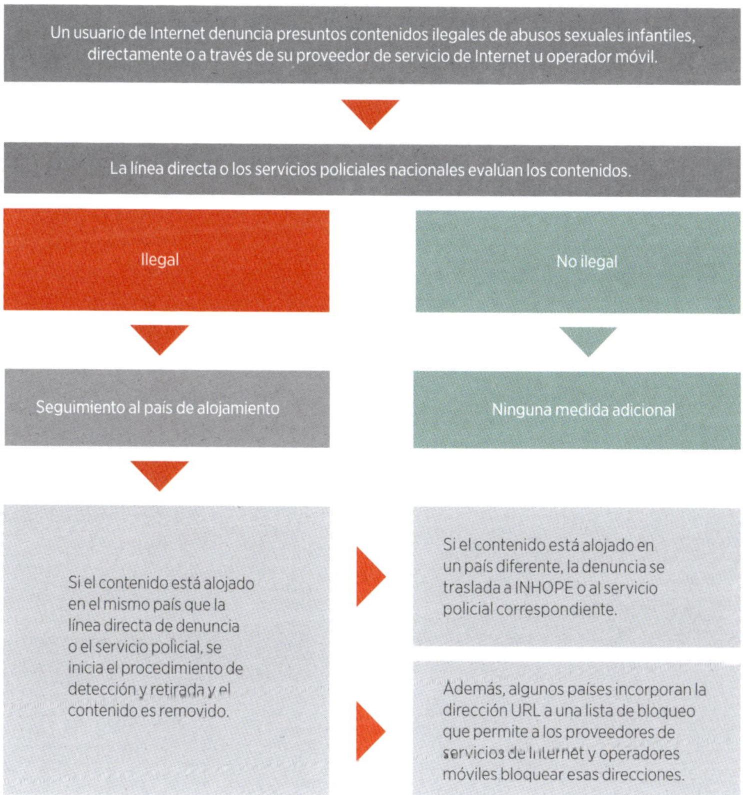

Gobernanza de Internet

Antecedentes

La gobernanza de Internet implica una amplia gama de actividades relacionadas con las políticas y los procedimientos de gestión de Internet. Aborda temas legales y regulatorios, como la privacidad, el cibercrimen, los derechos de propiedad intelectual y el spam. También aborda asuntos técnicos relacionados con la gestión y los estándares de redes, por ejemplo, y asuntos económicos como la tributación y los acuerdos de interconexión de Internet.

Puesto que el crecimiento de la industria móvil está vinculado a la evolución de los servicios y dispositivos habilitados para el uso de Internet, las decisiones acerca del uso, gestión y regulación de Internet afectarán a los proveedores de servicios móviles y al resto de partes involucradas en el sector, así como a los clientes.

La gobernanza de Internet requiere la acción de diferentes partes, en relación con sus intereses y conocimientos en ingeniería técnica, gestión de recursos, estándares y políticas, entre otros. Las partes interesadas variarán en función del asunto a tratar.

Debate

¿A quién «pertenece» Internet?

¿Se le debería permitir a ciertos países u organizaciones tener mayor poder de decisión que otros?

¿Cómo debería aplicarse un modelo de varias partes interesadas a la gobernanza de Internet?

La gobernanza global de Internet debe ser transparente e inclusiva, garantizando la total participación de gobiernos, sociedad civil, el sector privado y organizaciones internacionales, de modo que permita aprovechar el potencial de Internet como una potente herramienta para el desarrollo económico y social.

— Conferencia de prensa conjunta de los gobiernos de los Estados Unidos y Brasil, junio de 2015

Posición de la industria

El modelo de varias partes interesadas para la gobernanza de Internet y la toma de decisiones se debería conservar y permitir evolucionar.

La gobernanza de Internet no debería ser gestionada a través de una única institución o mecanismo, sino que debe ser capaz de abordar los diferentes asuntos y desafíos relevantes para las diferentes partes interesadas de un modo más flexible que los mecanismos gubernamentales e intergubernamentales tradicionales.

Internet debe ser segura, estable, fiable e interoperable, y ninguna institución u organización puede o debería gestionarla por sí sola.

Los modelos de colaboración diversos e inclusivos para la toma de decisiones sobre la gobernanza de Internet permiten la participación de las partes interesadas correspondientes.

El desarrollo descentralizado de Internet debería mantenerse, sin que exista un control por parte de ningún modelo de negocio concreto o enfoque regulador.

Algunas cuestiones demandan un enfoque diferente en el ámbito local, nacional, regional o global. Un modelo de varias partes interesadas efectivo y eficaz garantiza que dichas partes interesadas, dentro de sus respectivas funciones, puedan participar en el proceso de creación de consensos para cualquier asunto concreto.

Los aspectos técnicos relacionados con la gestión y desarrollo de redes y arquitectura para Internet deberían tratarse a través de los organismos correspondientes, el Grupo Especial de Ingeniería sobre Internet (IETF) y el Consejo de Arquitectura de Internet (IAB), así como en otros foros.

Los temas económicos y transaccionales, como los cargos de interconexión de Internet, se dejarán para la negociación comercial, la cual está de acuerdo a la legislación comercial y los regímenes regulatorios.

Recursos:
Sitio web del Foro para la Gobernanza de Internet
Sitio web de la Cumbre Mundial sobre la Sociedad de la Información WSIS+10
Sitio web de la gobernanza de la Internet de Internet Society
Sitio web de la Gobernanza de Internet de la UNESCO

Registro obligatorio de tarjetas SIM de prepago

Antecedentes

En muchos países, los clientes de los servicios de pago por consumo o clientes de prepago solo tienen que comprar crédito para activar su tarjeta de módulo de identificación de usuario (tarjeta SIM), ya que no se exige el registro formal del usuario.

Sin embargo, varios países cuentan con la obligación del registro de la SIM de prepago como parte de los esfuerzos para mitigar los problemas de seguridad y hacer frente al comportamiento criminal y antisocial. Hasta la fecha, no ha habido ninguna evidencia empírica de que el registro obligatorio de la SIM conduzca directamente a una reducción de la delincuencia.

Ciertos países, incluido el Reino Unido y la República Checa, consideran que obligar a los usuarios de tarjetas SIM de prepago a que se registren tiene más inconvenientes que ventajas, debido a las potenciales lagunas de la legislación y a las dificultades de implementación, por lo que han rechazado su adopción.

Sin embargo, el registro SIM puede permitir que muchos consumidores accedan a servicios móviles y digitales de valor agregado que de otro modo no estarían disponibles para ellos como usuarios no registrados (como dinero móvil y servicios de gobierno electrónico).

Para que el registro de la SIM genere resultados positivos para los consumidores, debe ponerse en práctica de una manera pragmática, que incluye tomar en cuenta las circunstancias del mercado local, como la capacidad de los operadores de telefonía móvil para verificar los documentos de identidad de los clientes. Por el contrario, si los requisitos de registro son desproporcionados en relación con el mercado específico, la obligatoriedad de la política puede generar problemas de puesta en práctica y consecuencias imprevistas. Por ejemplo, se podría excluir involuntariamente a los consumidores vulnerables y desfavorecidos socialmente que carecen de los documentos de identidad necesarios, o podría generar la aparición de un mercado negro de tarjetas SIM robadas o registradas fraudulentamente, como respuesta al deseo de algunos usuarios de permanecer en el anonimato, en ocasiones con fines delictivos.

Debate

¿Hasta qué punto las ventajas de la obligatoriedad del registro de tarjetas SIM de prepago compensan los costos y los riesgos asociados?

¿Qué factores deberían tener en cuenta los gobiernos antes de introducir una política de obligatoriedad de ese tipo?

Posición de la industria

Pese a que el registro de los usuarios de tarjetas SIM de prepago tiene el potencial de aportar beneficios considerables para los ciudadanos, los gobiernos no deberían hacerlo obligatorio.

Hasta la fecha, no hay evidencia que el registro obligatorio de los usuarios de tarjetas SIM de prepago contribuya a una reducción de la delincuencia.

En los países donde ya se ha decidido la obligatoriedad del registro de los usuarios de tarjetas SIM de prepago, recomendamos que los gobiernos tengan en cuenta las mejores prácticas globales y permitan mecanismos de registro flexibles y adecuados y relevantes para el mercado correspondiente, incluido el nivel de penetración de identificación oficial en ese mercado.

Si se cumplen estas condiciones, el ejercicio de registro de la SIM es más probable que sea eficaz y genere bases de datos de clientes más precisas. Por otra parte, un sistema sólido de verificación y autenticación del cliente puede permitirles a los operadores móviles facilitar la creación de soluciones de identidad digital, lo que les permitirá a los clientes tener acceso a una variedad de servicios móviles y no móviles.

Invitamos a los gobiernos que están considerando la introducción o revisión del registro obligatorio de SIM a realizar los siguientes pasos antes de finalizar sus planes:

- Consultar, colaborar y comunicarse con los operadores móviles antes, durante y después del ejercicio de la puesta en práctica.
- Equilibrar las exigencias de seguridad nacional contra la protección de los derechos de los ciudadanos, en particular cuando los gobiernos exigen el registro de SIM por esos motivos.
- Establecer plazos realistas para el diseño, prueba y puesta en práctica de los procesos de registro.
- Proporcionar certeza y claridad sobre los requisitos de registro antes de cualquier aplicación.
- Permitir o fomentar el almacenamiento de registros electrónicos y diseñar administrativamente procesos de registro "ligero".
- Permitir o fomentar que el cliente con SIM registrada tenga acceso a otros servicios móviles y digitales de valor agregado.
- Apoyar a los operadores de telefonía móvil en la ejecución de los programas de registro de SIM mediante la contribución a actividades conjuntas de comunicación y sus costos operativos.

Recursos:

Informe GSMA: Mandatory registration of prepaid SIM cards — Addressing challenges through best practice (Registro obligatorio de usuarios de tarjetas SIM de prepago: solución de desafíos a través de las mejores prácticas)

Documento técnico de GSMA: Mandatory Registration of Prepaid SIM Card Users (Registro obligatorio de usuarios de tarjetas SIM de prepago)

Informe de la GSMA y del Banco Mundial: Digital Identity — Towards Shared Principles for Public and Private Sector Cooperation (Identidad digital: hacia principios compartidos para una cooperación del sector privado y público)

Artículo académico de la London School of Economics: The Rise of African SIM Registration – Mobility, Identity, Surveillance & Resistance (El aumento del registro de SIM en África: movilidad, identidad, vigilancia y resistencia)

Documento académico de Deutsches Institut für Wirtschaftsforschung: Implications of Mandatory Registration of Mobile Phone Users in Africa (Efectos del registro obligatorio de usuarios de teléfonos celulares en África)

Sitios web de Mobile Connect de la GSMA

Documento académico de la Universidad Simon Fraser: Privacy Rights and Prepaid Communication Services (Derechos de privacidad y servicios de comunicación de prepago)

Noticias AllAfrica: Assessing the Impact of SIM Registration on Network Quality (Nigeria) (Evaluación del impacto del registro de SIM en la calidad de la red en Nigeria)

Noticias Kosmopolitica: Global Crackdown on Phone Anonymity (Combate mundial contra el anonimato celular)

Robo de terminales

Antecedentes

Lamentablemente, hay delincuentes que intentan obtener beneficios a través de la venta de terminales robados, lo que alimenta el mercado negro de terminales obtenidos a través de atracos y delitos callejeros.

A los responsables de políticas en muchos países les preocupa la frecuencia de robos de móviles, en particular cuando bandas delictivas organizadas participan en la exportación a gran escala de terminales robados a otros mercados.

En 1996, la GSMA lanzó una iniciativa para el bloqueo de terminales robados basada en una base de datos compartida con información sobre los identificadores únicos de los terminales robados o perdidos. La GSMA mantiene un listado central de Identificadores Internacionales de Equipos Móviles (IMEI, por sus siglas en inglés) de terminales móviles, conocido como la base de datos IMEI. En dicho listado figuran todos los celulares cuyo robo o pérdida ha sido notificado por los clientes de los operadores de redes móviles.

El bloqueo eficiente de dispositivos robados en los Registros de Identidad de Equipos (EIR, por sus siglas en inglés) de cada red depende de la aplicación segura de los IMEI en todos los terminales móviles. Los principales fabricantes de dispositivos del mundo han acordado respaldar una serie de medidas para reforzar la seguridad de los IMEI, cuyo progreso está supervisado por la GSMA.

Debate

¿Qué puede hacer la industria para prevenir el robo de teléfonos móviles?

¿Cuáles son las repercusiones políticas de esta creciente tendencia?

¿Se deberían imponer regulaciones en el registro de teléfonos móviles?

¿En qué medida pueden las funciones antirrobo basadas en los dispositivos complementar el bloqueo de la red para los dispositivos robados y qué capacidades deberían soportar dichas funciones?

Posición de la industria

La industria móvil ha liderado numerosas iniciativas y logrado avances considerables en la lucha contra el robo de dispositivos móviles.

A pesar de que el problema del robo de terminales no es culpa de la industria, la industria forma parte de la solución. Si los celulares perdidos o robados se vuelven inutilizables, ya no tendrán valor y los delincuentes no se interesarán en ellos.

El robo de terminales es un delito en crecimiento y un problema para las fuerzas de seguridad en algunos mercados en los que no se han adoptado medidas para abordar claramente este asunto. Cada teléfono robado implica sufrimiento, posible violencia y repercusiones psicológicas para los usuarios móviles.

— James Moran, director de seguridad de la GSMA

La GSMA anima a sus operadores miembros a usar Registros de Identidad de Equipos en sus redes a fin de negar la conectividad a todos los dispositivos robados. Los operadores deben conectarse a la base de datos IMEI de la GSMA para asegurarse de que los dispositivos robados a sus clientes se puedan bloquear en las redes que utilizan la base de datos. Estas soluciones se han puesto en marcha en algunas redes y en algunos países durante muchos años y continúan mejorándose y ampliándose.

El bloqueo a través de los IMEI ha tenido un efecto positivo en muchos países, pero para lograr una campaña contra el robo realmente exitosa se deben ejecutar una serie de medidas y solo algunas están dentro del control de la industria móvil.

El concepto de un «interruptor de autodestrucción» — que permita a los usuarios de celulares deshabilitar de forma remota su dispositivo robado ha recibido mucha atención a medida que ha aumentado el número de robos de dispositivos móviles. La GSMA apoya las funciones antirrobo basadas en dispositivos y ha definido los requisitos que podrían llevar a una solución global para que los propietarios puedan localizar o deshabilitar su dispositivo perdido o robado y para proteger y denegar el acceso a los datos personales almacenados en el dispositivo. Estos requisitos de alto nivel suponen un hito en materia antirrobo, al mismo tiempo que permiten a la industria seguir innovando.

Las autoridades nacionales tienen un papel importante que desempeñar en la lucha contra esta actividad delictiva. Es fundamental que colaboren de forma constructiva con la industria para garantizar el control de la distribución de dispositivos móviles a través de canales no autorizados y que se tomen medidas contra los individuos involucrados en el robo o la distribución de terminales robados.

Un enfoque regional coherente para compartir información y en el cual participen todas las partes interesadas haría que las medidas nacionales fueran más efectivas.

Algunas autoridades nacionales han propuesto elaborar «listas blancas» nacionales para combatir el robo de terminales. La GSMA se opone a esa idea, ya que podría impedir la libre circulación de dispositivos móviles por el mundo, presenta problemas de privacidad para los consumidores y se consideraría ilegal en algunos países.

Recursos:

Documento informativo de la GSMA y la OEA: Robo de equipos terminales móviles

Sitio web de la Base de datos IMEI de la GSMA

Informe de la GSMA y EICTA: Security Principles Related to Handset Theft (Principios de seguridad relacionados con el robo de terminales)

Documento de referencia de la GSMA: Requisitos de funciones antirrobo para dispositivos

Informe de la GSMA y EICTA: IMEI Security Weakness Reporting and Correction Process (Proceso de notificación y corrección de puntos débiles en la seguridad de IMEI)

Novedades de la GSMA: Mobile Phone Theft in Costa Rica (El robo de teléfonos celulares en Costa Rica)

Sitio web de Robo de Dispositivos Móviles de la GSMA

Seguridad móvil

Antecedentes

Los ataques a la seguridad amenazan a todos los tipos de TIC, incluyendo las tecnologías móviles. Los dispositivos de los consumidores, como los teléfonos móviles, son objeto de ataques por diferentes razones: cambiar el número IMEI de un teléfono móvil para reactivarlo después del robo, a través de la extracción de datos o del uso de malware para ejecutar funciones que tienen el potencial para perjudicar a los usuarios.

Las redes móviles utilizan tecnologías de cifrado para hacer más difícil que los delincuentes puedan escuchar llamadas o interceptar el tráfico de datos. Las barreras legales para la implantación de tecnologías criptográficas se han reducido en los últimos años. Esto ha permitido a las tecnologías móviles incorporar algoritmos y protocolos mejores y más robustos, que siguen siendo de especial interés para los hackers y los investigadores de seguridad.

La GSMA desempeña un papel clave en la coordinación de la respuesta de la industria con respecto a los incidentes de seguridad. Coopera con una variedad de partes interesadas, como los operadores miembros, fabricantes de dispositivos y los proveedores de infraestructura a fin de garantizar una respuesta oportuna y apropiada a las amenazas que afectan a los servicios, redes o dispositivos. En concreto, el Grupo de Fraude y Seguridad de la GSMA actúa como un centro de experiencia para impulsar los asuntos de gestión de fraude y de seguridad de la industria relacionados con la tecnología móvil, las redes y los servicios. El grupo busca mantener o aumentar la protección de la tecnología móvil y la infraestructura del operador, y la identidad, la seguridad y la privacidad del cliente, por lo que la reputación de la industria se mantiene fuerte y los operadores de telefonía móvil siguen siendo socios de confianza en el ecosistema.

Debate

¿Qué grado de seguridad tienen las tecnologías móviles de voz y datos?

¿Qué tan importante es la amenaza del malware móvil y qué se está haciendo para mitigar los riesgos?

¿Las tecnologías y los servicios emergentes dan nuevas oportunidades a los delincuentes para el robo de información, acceso a cuentas de usuarios u otros actos que pongan en peligro la seguridad de las redes móviles y a sus usuarios?

Posición de la industria

La protección y la privacidad de las comunicaciones de los clientes son una prioridad para los operadores.

La industria móvil hace todo lo que está su alcance para proteger la privacidad y la integridad de las comunicaciones de los clientes y de la red. Las barreras para evitar que se ponga en peligro la seguridad de las comunicaciones móviles son muy sólidas. La investigación de las posibles vulnerabilidades ha tenido por lo general un carácter académico.

Aunque no hay tecnología de seguridad que pueda considerarse invulnerable, en la práctica, los ataques a los servicios basados en GSM son extremadamente raros, puesto que requerirían recursos considerables, incluyendo equipos especializados, poder de procesamiento computacional y pericia técnica que están fuera del alcance de la inmensa mayoría de las personas.

No son poco comunes las noticias sobre interceptación de llamadas en las redes GSM, sin embargo, ese tipo de ataques no se ha producido a gran escala y se considera que las redes UMTS y LTE están más protegidas frente a los riesgos de interceptación.

La GSMA apoya los estándares mundiales de seguridad para servicios emergentes y reconoce la importancia de los elementos de seguridad basados en la tarjeta SIM como una alternativa para integrar la seguridad en el terminal o en una tarjeta digital externa (microSD), puesto que se ha demostrado que las tarjetas SIM son resistentes a los ataques.

La GSMA realiza un seguimiento constante de las actividades de los grupos de hackers, así como de los investigadores, innovadores y otros agentes de la industria, para mejorar la seguridad de las redes de comunicación. Nuestra capacidad para aprender y adaptarnos se refleja en las mejoras en la seguridad que se han logrado entre una generación de tecnología móvil y la siguiente.

Recursos:

Declaración de la GSMA: Media Reports Relating to the Breaking of GSM Encryption (Informes de los medios de comunicación relacionados con la violación del cifrado GSM)

Sitio web del Programa de acreditación de seguridad de la GSMA

Sitio web sobre Consejos de seguridad para usuarios de celulares de la GSMA

Uso indebido y fraude de recursos de numeración

Antecedentes

Muchos países muestran una gran preocupación acerca del uso indebido de los recursos de numeración, una práctica por la cual las llamadas nunca alcanzan el destino indicado por el prefijo internacional. En su lugar, se terminan de forma prematura debido a la colusión del operador o del proveedor de contenido para ser derivadas a servicios de contenido con cargo, sin el conocimiento del titular de números asignados por la UIT-T.

Este tipo de abuso hace que las llamadas queden fuera de los controles regulatorios nacionales sobre tarifas especiales y acuerdos de llamadas de ingresos compartidos, y es un factor clave que contribuye al Fraude Internacional de Ingresos Compartidos (IRSF, por sus siglas en inglés) perpetrado contra las redes de telefonía y sus clientes. Los autores del fraude tratan de generar tráfico hacia sus propios servicios sin la intención de pagar por las llamadas a la red donde se originaron. Reciben su pago rápidamente, mucho antes que otras partes dentro del proceso del acuerdo.

El uso indebido también afecta al tráfico telefónico legítimo, debido a los efectos colaterales del bloqueo de números de alto riesgo.

Debate

¿De qué forma pueden los reguladores, los titulares de series de números y otros actores de la industria colaborar para evitar este tipo de fraude?

Posición de la industria

El uso indebido de recursos de numeración tiene consecuencias económicas importantes para muchos países, por lo que la colaboración entre los diferentes actores involucrados es fundamental.

El fraude en las telecomunicaciones derivado del uso indebido de los recursos de numeración es uno de los temas que está abordando el Fraud and Security Group de la GSMA, un repositorio mundial de mejores prácticas relacionadas con la gestión del fraude y la seguridad para los operadores de redes móviles. El Fraud and Security Group tiene como objetivo principal ayudar al sector a gestionar los asuntos relacionados con el fraude y la seguridad en el entorno móvil para proteger a los operadores y consumidores móviles, así como salvaguardar la reputación de la industria móvil.

Fraud and Security Group apoya las directrices de la Unión Europea destinadas a que los reguladores nacionales puedan ordenar a los proveedores de servicios de comunicación que retengan el pago a sus socios de tráfico descendente en caso de presunto fraude o uso indebido.

Fraud and Security Group considera que los reguladores nacionales pueden ayudar a los proveedores de servicios de comunicación a reducir el uso indebido de números mediante la aplicación de medidas más estrictas de gestión de los recursos numéricos nacionales. En concreto, los reguladores pueden hacer lo siguiente:

- Asegurarse de que los planes de numeración nacionales estén fácilmente disponibles y sean precisos y exhaustivos.
- Implementar controles más estrictos para la asignación de series de números nacionales a los solicitantes y asegurarse de que las series de números se utilicen para los fines a los cuales han sido asignados.
- Implementar controles más estrictos sobre el arrendamiento de series de números a terceras partes por los titulares de la asignación.

Fraud and Security Group comparte entre sus miembros y con otros organismos de gestión del fraude de la industria las series de números usados indebidamente con fines fraudulentos. También trabaja con los principales operadores internacionales de tránsito para reducir el riesgo de fraude que surge como resultado del uso indebido de recursos de numeración.

Recursos:
Sitio web de ITU-T Misuse of an E.164 International Numbering Resource (UIT-T Uso indebido de un recurso de numeración internacional E.164)
Sitio web de Uso indebido de recursos de numeración y fraude de la GSMA

Datos y cifras

10 principales países cuyos recursos de numeración están siendo objeto de uso indebido

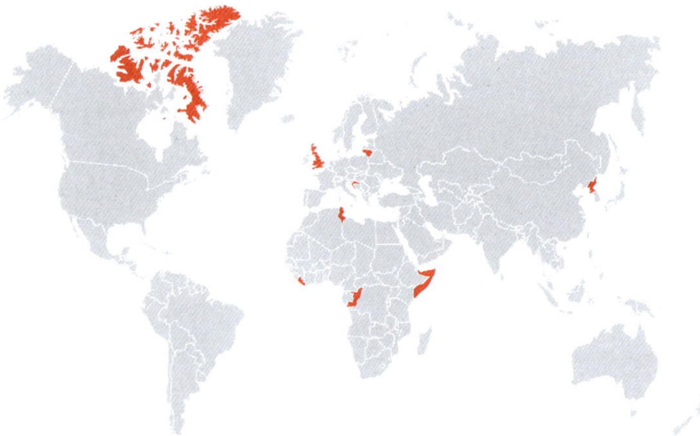

- Reino Unido
- Croacia
- República del Congo (Brazzaville)
- Liberia
- Corea del Norte
- Canadá (territorios del Ártico)
- Tonga
- Túnez
- Lituania
- Somalia

Práctica recomendada

Controles recomendados a los operadores para reducir la exposición al fraude por uso indebido de recursos de numeración

Implementar controles en el punto de adquisición del suscriptor y controles para evitar la apropiación de cuentas.

Eliminar la función de conferencia o multillamada de una conexión móvil a menos que se solicite específicamente, puesto que los defraudadores pueden utilizarla para establecer hasta seis llamadas simultáneas.

Eliminar la capacidad de reenvío de llamadas a destinos internacionales, en particular a países cuyos planes de numeración están sujetos a abusos habituales.

Utilizar la lista de series de números de alto riesgo de la GSMA, de forma que los patrones de llamadas inusuales a destinos fraudulentos conocidos disparen las alarmas o puedan ser bloqueados.

Asegurarse de que los informes de uso de roaming recibidos de otras redes se monitoricen permanentemente, preferiblemente utilizando un sistema automatizado.

Asegurarse de la aplicación de tarifas actualizadas en el marco de los acuerdos de roaming, en especial para los números premium.

Implementar la función de bloqueo de llamadas internacionales excepto al país de origen (BOIEXH, por sus siglas en inglés) para nuevos suscriptores o suscriptores de alto riesgo.

Privacidad

Antecedentes

Los estudios demuestran que los clientes de los servicios de telecomunicaciones están preocupados por su privacidad y desean contar con opciones simples y claras para controlar su información privada. También desean saber si pueden confiar sus datos a las empresas. La falta de confianza puede actuar como barrera para el crecimiento en economías que cada vez se basan más en los datos.

Una de las principales dificultades que plantea el crecimiento de Internet móvil es que la seguridad y la privacidad de los datos personales están reguladas por un sinfín de regulaciones sobre privacidad de carácter nacional, mientras que el servicio de Internet móvil es, por definición, internacional. Además, en muchas jurisdicciones, las regulaciones que rigen el modo en el que se recopilan, procesan y almacenan los datos de los clientes varían considerablemente para los diferentes participantes en el mercado. Por ejemplo, las normas que rigen el modo en el que los operadores móviles tratan los datos pueden ser diferentes de las que rigen cómo pueden hacerlo otras empresas internacionales.

Esta disparidad entre las leyes de privacidad nacional y las prácticas estandarizadas internacionales que se han desarrollado en el ecosistema de Internet, plantea dificultades a los operadores para ofrecer una experiencia de usuario homogénea. Asimismo, esta disparidad puede provocar incertidumbre entre los operadores, lo que puede resultar perjudicial para las inversiones y la innovación. Los niveles inconsistentes de protección también generan el riesgo de que los consumidores puedan, sin quererlo, ofrecer acceso sencillo a sus datos personales, dejándolos expuestos a situaciones no deseadas, como el robo de identidad y fraude.

Debate

¿Cómo pueden los hacedores de políticas públicas ayudar a crear un marco sobre privacidad que fomente la innovación en el uso de datos, al mismo tiempo que se equilibra la necesidad de privacidad a través de las fronteras, sea cual sea la tecnología utilizada?

¿Cuál es el mejor modo de distribuir la responsabilidad de garantizar la privacidad a través de las fronteras en la cadena de valor de Internet móvil?

¿Qué papel tiene la autorregulación en un entorno tecnológico en continuo cambio?

¿Qué se debería hacer para permitir que los datos se utilicen para fomentar el bien social y para satisfacer las necesidades de las políticas públicas?

Posición de la industria

En la actualidad, la gran variedad de servicios disponibles a través de los dispositivos móviles tienen diversos grados de protección de la privacidad. Para que los clientes puedan confiar en que sus datos personales reciben la protección adecuada, independiente de qué servicio o dispositivo utilicen, es necesario ofrecer un nivel homogéneo de protección.

Los operadores móviles consideran que solo lograrán que sus clientes estén plenamente tranquilos y confiados cuando sientan que su privacidad está adecuadamente protegida.

Las precauciones que se adopten en este sentido deben ser el resultado de una combinación de enfoques acordados a escala internacional, la legislación del país correspondiente y las medidas de la industria. Los gobiernos deben asegurarse de que su legislación sea neutral tecnológicamente y de que sus normas se aplican de forma homogénea a todos los agentes del ecosistema de Internet.

Teniendo en cuenta el alto nivel de innovación en los servicios móviles, la legislación debe centrarse en el riesgo global para la privacidad de los individuos, más que intentar legislar para tipos de datos específicos. La legislación, por ejemplo, debe abordar el riesgo que supone para un individuo la existencia de diversos tipos de datos en diversos contextos, en lugar de centrarse en un tipo de datos específico.

La industria móvil debe garantizar que los riesgos para la privacidad se tengan en cuenta en el diseño de nuevas aplicaciones y servicios, y desarrollar soluciones que permitan a los clientes comprender fácilmente sus opciones en relación con su privacidad y el control de sus datos.

La GSMA se ha comprometido a trabajar con las partes interesadas de toda la industria móvil para desarrollar un enfoque homogéneo de la protección de la privacidad y fomentar la confianza en los servicios móviles.

Recursos:

Informe GSMA: Consumer Research Insights and Considerations for Policymakers (Conclusiones de investigaciones entre consumidores y consideraciones a tener en cuenta por los responsables políticos)

Sitio web de Tecnología móvil y privacidad de la GSMA

Informe GSMA: Mobile Privacy Principles — Promoting a user-centric privacy framework for the mobile ecosystem (Principios de privacidad de las comunicaciones móviles: promoviendo un marco de privacidad centrada en el usuario para el ecosistema móvil)

Informe GSMA: Privacy Design Guidelines for Mobile Application Development (Directrices para el diseño de privacidad en el desarrollo de aplicaciones)

Práctica recomendada

Principios de privacidad móvil

La GSMA ha publicado un conjunto de Principios de Privacidad Móvil que describen cómo se debe respetar y proteger la privacidad de los usuarios móviles.

Apertura, transparencia y notificación
Los responsables (es decir, los proveedores de aplicaciones o servicios) deben ser claros y honrados con los usuarios y asegurarse de que los usuarios reciban información clara, relevante y oportuna acerca de las prácticas relacionadas con su identidad y la privacidad de sus datos.

Propósito y uso
El acceso, la recopilación, la compartición, la revelación y el uso posterior de los datos personales de los usuarios se limitarán a fines comerciales legítimos (como, por ejemplo, ofrecer aplicaciones o servicios especificados por los usuarios) o para cumplir con sus obligaciones legales.

Opciones y control para los usuarios
Los usuarios deben tener la oportunidad de tomar decisiones significativas sobre qué se hace con sus datos personales, y tener control sobre ellos.

Datos mínimos y retención de los datos
Se recogerán, accederán y usarán exclusivamente los datos que resulten imprescindibles para alcanzar los fines comerciales legítimos. La información personal no se retendrá más tiempo del necesario para cumplir dichos fines comerciales legítimos o para satisfacer las obligaciones legales.

Respeto a los derechos de los usuarios
Los usuarios deben recibir información acerca de sus derechos en relación con el uso de su información personal, así como un mecanismo sencillo para ejercerlos.

Seguridad
Los datos personales deben protegerse mediante mecanismos de protección adecuados para su nivel de confidencialidad.

Educación
Los usuarios deben recibir información sobre cuestiones relativas a la privacidad y la seguridad y las formas de gestionar y proteger su privacidad.

Niños y adolescentes
Las aplicaciones o servicios orientados a niños o adolescentes deben asegurarse de que la recopilación, el acceso y el uso de los datos personales sea apropiado en todas las circunstancias, así como compatibles con la legislación nacional.

Áreas clave de inquietud respecto a la privacidad de los datos móviles

Captura de datos	Seguridad de datos	Uso de datos
¿Para qué se usan mis datos? ¿Se utilizan para obtener beneficios comerciales? ¿Se utilizan para publicidad? ¿Puedo decidir al respecto?	¿Están mis datos seguros? ¿Cómo se protegen? ¿Qué hago si se ven comprometidos?	¿Qué ocurre con mis datos personales cuando uso mi teléfono móvil? ¿Qué datos se recopilan? ¿Quién usa los datos? ¿Durante cuánto tiempo se retienen?
El **83%** de los encuestados consideran que las terceras partes deben obtener el permiso de los interesados antes de usar sus datos personales.	El **88%** de los encuestados consideran que la protección de los datos personales es muy importante.	Al **72%** de los encuestados les preocupa compartir la ubicación exacta de su teléfono móvil.

Fuente: Futuresight, GSMA, User perspectives on mobile privacy (Puntos de vista de los usuarios sobre la privacidad móvil) (2012)

Privacidad y Big Data

Antecedentes

El aumento en el poder de los computadores y la caída de los precios de los sistemas de informática posibilitan el procesamiento de Big Data, a partir de una variedad de fuentes y en una gran gama de formatos, a una velocidad mucho mayor que nunca antes. Como resultado, ahora es posible analizar todos los datos a partir de uno o más conjuntos de datos de gran volumen, en lugar de confiar en muestras más pequeñas de datos. Es importante destacar que esto permite la elaboración de conclusiones significativas, en el caso que corresponda, desde simples correlaciones en los datos, en lugar de tener que identificar conexiones causales. Estas capacidades se refieren a menudo como las técnicas de análisis Big Data.

Al mismo tiempo, el llamado Internet de las cosas (IoT) está equipando a un número cada vez mayor de dispositivos con sensores que recopilan y comunican datos.

En conjunto, estas capacidades representan un cambio radical en la capacidad de la sociedad, no solo para crear nuevos productos y servicios, sino también para resolver algunas de las necesidades de políticas públicas más apremiantes de nuestro tiempo - desde la gestión de carreteras en zonas urbanas congestionadas y contaminadas a la comprensión y la prevención de la propagación de enfermedades.

Los operadores de redes móviles aumentarán el uso de los datos que recogen las iniciativas Big Data. Por lo tanto, tienen un papel importante como administradores responsables de esos datos y potencialmente como facilitadores en un mercado futuro para el acceso a este tipo de datos.

Sin embargo, las capacidades de Big Data también dan lugar a preguntas acerca de la seguridad y la privacidad, y cómo estas se pueden abordar estas inquietudes importantes.

Debate

¿Cómo pueden los operadores de redes móviles y los formuladores de politicas públicas ayudar a que la sociedad obtenga los beneficios del análisis de Big Data de una manera que se proteja la privacidad y en conformidad con las leyes aplicables?

¿Cómo puede la GSMA fomentar mayor confianza, entre todas las partes interesadas que participan en la recogida y el análisis de datos?

Posición de la industria

La industria móvil reconoce los beneficios sociales que pueden resultar de Big Data y quiere desplegar el enorme potencial de su análisis de una manera que respete los principios de privacidad bien establecidos y fomente un entorno de confianza.

Nuevas leyes no son necesarias para hacer frente al análisis de Big Data y el Internet de las cosas (IoT). Por el contrario, los operadores de redes móviles reconocen que se aplican los principios de privacidad existentes en estas áreas. Las reglas que restringen el uso legítimo de datos o metadatos deben estar calificadas y ser proporcionales al riesgo de daño a la privacidad que los consumidores podrían sufrir si se utilizan mal sus datos. Estas normas también deben aplicarse de manera coherente a través de diferentes sectores de la industria y tipos de tecnología.

Los operadores de redes móviles están bien situados para comprender los posibles riesgos para las personas y grupos a partir del análisis de Big Data y pueden poner en práctica medidas para evitar o mitigar esos riesgos.

Nuevos conocimientos derivados de los datos a menudo darán lugar a nuevos usos, o propósitos de procesamiento, que no se habían considerado o identificado cuando se recogieron los datos inicialmente. De acuerdo con ello, los marcos de privacidad deben reconocer este potencial y posibilitar tales usos.

Los operadores de redes móviles pueden hacer frente a este tipo de desafíos y aumentar la confianza entre las partes interesadas de la industria y los consumidores mediante:

- Sobre la base de iniciativas de privacidad anteriores, tales como los Privacy Design Guidelines for Mobile Application Development de la GSMA.
- Encontrar maneras innovadoras para ofrecer elección, control y transparencia significativa a las personas acerca de qué datos se recopilan y cómo se utilizan. Por ejemplo, esto podría abordarse a través de plataformas visuales de fácil uso o señales a partir de dispositivos de IoT que pueden detectar fácilmente los teléfonos inteligentes.
- Pensar cuidadosamente sobre el impacto en las personas (o grupos) derivados de los conocimientos de Big Data y las acciones o decisiones que puedan adoptarse sobre la base de esos puntos de vista.
- La reducción del riesgo de reidentificación de las personas después de que se hayan procesado los datos cuando ello pueda plantear problemas de privacidad.El establecimiento de claridad sobre las responsabilidades entre las partes al colaborar en proyectos de análisis de Big Data.
- La incorporación de la toma de decisiones éticas en sus modelos de gobierno.

De igual modo, los gobiernos pueden garantizar que su país y ciudadanos saquen el mayor provecho del potencial de Big Data a través de:

- La comprensión de cómo funciona el análisis de Big Data y el contexto en el que tiene lugar.
- Adaptación de enfoques innovadores a la transparencia y el consentimiento.
- La elaboración y la adopción de directrices de la industria y medidas prácticas de autorregulación que buscan aprovechar, en lugar de obstaculizar, los análisis de Big Data.

Recursos:

Informe GSMA: Directrices de la GSMA acerca de la protección de la privacidad en el uso de los datos de los teléfonos celulares para dar respuesta a la propagación del ébola
Informe GSMA: Mobile Privacy Principles — Promoting Consumer Privacy in the Mobile Ecosystem (Principios de privacidad de las comunicaciones móviles: promoviendo la privacidad del consumidor en el ecosistema móvil)
Sitio web de Directrices para el diseño de privacidad en el desarrollo de aplicaciones de la GSMA
Sitio web de La innovación de la OCDE basada en datos para el crecimiento y el bienestar
Informe de FTC: Los macrodatos (el 'Big Data'): ¿una herramienta para la inclusión o para la exclusión?

Órdenes de restricción de servicios

Antecedentes

De vez en cuando, los operadores de redes móviles (MNO) reciben órdenes de las autoridades gubernamentales para restringir servicios en sus redes ("órdenes de restricción de servicio" o "SRO", por sus siglas en inglés). Estas órdenes exigen que los operadores cierren o restrinjan el acceso a su red de telefonía móvil, un servicio de red o un servicio de Internet. Las órdenes incluyen el bloqueo de aplicaciones o contenidos específicos, la restricción del ancho de banda de datos y la degradación de la calidad de los servicios de SMS o de voz. En algunos casos, los operadores se arriesgarían a sanciones penales o la pérdida de su licencia si revelaran que una SRO les fue emitida.

Las SRO pueden tener una serie de consecuencias graves. Por ejemplo, la seguridad nacional puede verse afectada si las autoridades las utilizan de forma inadecuada y la seguridad pública puede estar en peligro si los servicios de emergencia y los ciudadanos no pueden comunicarse entre sí. La libertad de expresión, la libertad de reunión, la libertad para realizar negocios y otros derechos humanos también pueden verse afectados.

Por otra parte, las personas y las empresas que no son el objetivo de las SRO, es posible que no puedan pagar a amigos, proveedores o salarios. Esto puede tener un efecto en cadena sobre los planes de crédito e inversión y, en última instancia, dañar la reputación del país para la gestión de la economía y la inversión extranjera, desalentando a que los países donantes suministren fondos u otros recursos.

Los operadores de redes móviles también sufren. No solo resisten pérdidas financieras debido a la suspensión de servicios, así como el daño a su reputación, sino que su personal local también puede enfrentar presiones de las autoridades y, posiblemente, incluso represalias por parte del público.

Debate

¿Qué factores y alternativas deberían considerar los gobiernos antes de planear una SRO?

¿Qué herramientas y métodos se pueden utilizar para evitar la necesidad de una SRO o evitar un impacto negativo si una SRO es la única opción?

Posición de la industria

La GSMA desalienta el uso de las SRO. Los gobiernos solo deberían recurrir a las SRO en circunstancias excepcionales y definidas previamente, y solo si es absolutamente necesario y proporcionado para alcanzar un objetivo concreto y legítimo, que sea coherente con los derechos humanos reconocidos a nivel internacional y las leyes pertinentes.

Con el fin de contribuir a la transparencia, los gobiernos solo deberían emitir las SRO a los operadores por escrito, citando la base jurídica y con un claro registro de actividades de la persona que autorizó la orden. Deben informar a los ciudadanos que el gobierno ha ordenado la restricción de servicios y que la ha aprobado un juez u otra autoridad, de acuerdo con los procedimientos administrativos previstos en la ley. Deberían permitir a los operadores investigar los impactos en sus redes y clientes, y comunicarse libremente con sus clientes acerca de la orden. Si socavase la seguridad nacional hacerlo en el momento que el servicio está restringido, los ciudadanos deben estar informados tan pronto como sea posible después del evento.

Los gobiernos deberían tratar de evitar o mitigar los efectos potencialmente dañiños de las SRO, mediante la reducción al mínimo del número de demandas, el alcance geográfico, la cantidad de personas y empresas que puedan verse afectadas, el alcance funcional y la duración de la restricción. Por ejemplo, en lugar de bloquear toda una red o plataforma de redes sociales, es posible que la SRO apunte a contenido o usuarios en particular. En cualquier caso, la SRO siempre debe especificar una fecha de finalización. Se deben establecer mecanismos de supervisión independientes para garantizar que se cumplan estos principios.

Los operadores pueden desempeñar un papel importante en la creación de conciencia de los funcionarios de gobierno de los posibles impactos de las SRO. También se pueden preparar de manera que si reciben una SRO puedan trabajar con rapidez y eficacia para determinar su legitimidad, si cuenta con la aprobación de la autoridad judicial, si es válida y vinculante y si existe posibilidad de apelación y que puedan trabajar con el gobierno para limitar el alcance y el impacto de la orden. Los procedimientos pueden incluir orientación sobre cómo el personal local debe manejar las SRO y el uso de formularios estandarizados para evaluar y escalar de forma rápida las SRO a representantes de alto nivel de la empresa.

Todas las decisiones deben, ante todo, hacerse con la seguridad y la protección de los clientes, las redes y el personal de los operadores en mente, y con el fin de ser capaces de restablecer los servicios lo más rápido posible.

Recursos:

Pautas borrador del gobierno australiano sobre el bloqueo de sitios web

Iniciativa de la Red Mundial y Declaración Conjunta del Diálogo en la Industria de las Telecomunicaciones: Restricciones de servicio

Formulario de la empresa Telia para la evaluación y la escalada de las SRO

Inhibidores de señal

Antecedentes

Los inhibidores de señal, también conocidos como «jammers», son dispositivos que generan interferencias para perturbar de forma intencional los servicios de comunicación. En el caso de los servicios móviles, interfieren con la comunicación entre el terminal móvil y la estación base. Su uso por particulares está prohibido en países como Australia, el Reino Unido y los Estados Unidos.

En algunas regiones, como en América Latina, los inhibidores de señal se utilizan para evitar el uso ilícito de los teléfonos móviles en lugares específicos, como por ejemplo, prisiones. Sin embargo, el bloqueo de la señal no elimina la causa original del problema, es decir, que los dispositivos inalámbricos acaben de forma ilegal en poder de los presos, que los utilizan para finales ilícitos.

Por otra parte, inhibidores de la señal no impiden que los dispositivos móviles se conecten a redes wifi, ya que no afectan a las bandas de frecuencia utilizadas por los routers de wifi. Como resultado, los inhibidores de señal no bloquean la posibilidad de que las personas usen aplicaciones de voz a través de Internet para hacer llamadas a redes de telefonía.

Los operadores de redes móviles invierten grandes sumas de dinero para ofrecer cobertura y capacidad mediante la instalación de estaciones base de radio. Sin embargo, el uso indiscriminado de los inhibidores de señal pone en riesgo estas inversiones, provocando una enorme perturbación en el funcionamiento de las redes móviles, reduciendo la cobertura y provocando el deterioro del servicio para los clientes.

Debate

¿Los gobiernos o las organizaciones privadas deberían tener permiso para utilizar inhibidores de señal que interfieran con la prestación de servicios móviles de voz y datos a los consumidores?

¿Se debería prohibir el marketing y la venta de inhibidores de señal para personas indviduales y organizaciones?

Posición de la industria

En algunos países de América Latina, como Colombia, El Salvador, Guatemala y Honduras, los gobiernos están promoviendo el despliegue de inhibidores de señal para limitar el uso de los servicios móviles en las prisiones. La GSMA y sus miembros tienen el compromiso de colaborar con los gobiernos para utilizar la tecnología como una ayuda para mantener los teléfonos móviles fuera de las áreas sensibles, así como de colaborar con los esfuerzos para detectar, monitorizar y evitar el uso de dispositivos ocultos.

Sin embargo, a largo plazo, es vital encontrar una solución práctica que no suponga un impacto negativo para los usuarios legítimos y que no afecte a las importantes inversiones que los operadores móviles han realizado para mejorar su cobertura.

La naturaleza de las señales de radio hace prácticamente imposible que las interferencias generadas por los inhibidores queden confinadas, por ejemplo, al interior de un edificio. Por consiguiente, las interferencias provocadas por los inhibidores de señal afecta a los ciudadanos, a los servicios y a la seguridad pública. Limitan la cobertura de red y tienen un efecto negativo sobre la calidad de los servicios prestados a los usuarios móviles. Además, los inhibidores provocan problemas para otros servicios críticos basados en las comunicaciones móviles. Por ejemplo, durante una situación de emergencia, podrían limitar la capacidad de los usuarios móviles de ponerse en contacto con los servicios de emergencia a través de números como el «999» o el «911», y pueden interferir con el funcionamiento de las alarmas conectadas a sistemas móviles o de dispositivos de salud personal.

La postura de la industria es que los inhibidores de señal solo se deberían utilizar como última opción y desplegar en coordinación con los operadores. Esta coordinación se debe mantener durante todo el periodo de despliegue de los dispositivos, desde la instalación hasta la desactivación, para asegurarse de que las interferencias quedan minimizadas en las áreas adyacentes y que los usuarios legítimos de teléfonos móviles no se vean afectados. Además, para proteger los intereses públicos y salvaguardar la prestación de los servicios móviles, las autoridades regulatorias deberían prohibir el uso de los inhibidores de señal por parte de las entidades privadas y establecer sanciones para aquellas entidades privadas que utilicen o comercialicen estos dispositivos sin el permiso de las autoridades correspondientes.

No obstante, reforzar la seguridad para evitar la entrada y ocultación de dispositivos inalámbricos en áreas sensibles, como las prisiones, es la medida más eficaz contra el uso ilegal de dispositivos móviles en estas áreas, además de no afectar a los derechos de los usuarios legítimos de los servicios móviles.

Recursos:
Posición de la GSMA ante las políticas públicas: Signal inhibitors in Latin America (Inhibidores de señal en América Latina)

GSMA Intelligence

GSMA Intelligence es una fuente exhaustiva y creciente de recursos para los miembros de la GSMA, los miembros asociados y otras organizaciones interesadas en conocer mejor el funcionamiento de la industria móvil. A través de la recopilación y agregación de datos de la industria, investigación y análisis de mercados, GSMA Intelligence proporciona una valiosa imagen de la industria móvil en todo el mundo.

Cobertura mundial

GSMA Intelligence publica datos, información y perspectivas que abarcan 237 países, más de 1400 operadores de redes móviles y más de 1200 operadores de redes móviles virtuales (MVNO). GSMA Intelligence combina datos históricos y pronósticos que abarcan desde los comienzos de la industria, en 1979, hasta una perspectiva de cinco años y constan de aproximadamente 26 millones de puntos de datos individuales. Todos los días se añaden nuevos datos.

Diversos tipos de datos

GSMA Intelligence ofrece estadísticas sobre suscriptores móviles y conexiones, datos operativos y financieros y parámetros socioeconómicos que complementan los conjuntos de datos fundamentales. Las investigaciones primarias realizadas por la propia GSMA añaden perspectivas sobre más de 4400 implementaciones de red realizadas hasta hoy. El servicio ofrece, asimismo, documentos técnicos e informes procedentes de toda la GSMA, además de boletines semanales.

Potentes herramientas de datos

Un completo juego de herramientas de selección de datos facilitan el trabajo de búsqueda de la información contenida en GSMA Intelligence: búsqueda multifacética, clasificaciones, filtros, paneles de instrumentos, feeds de datos y noticias en tiempo real, así como la posibilidad de exportar los datos a Excel o en forma de gráficos para presentaciones.

https://gsmaintelligence.com
info@gsmaintelligence.com

Mercado global

Fuente: GSMA

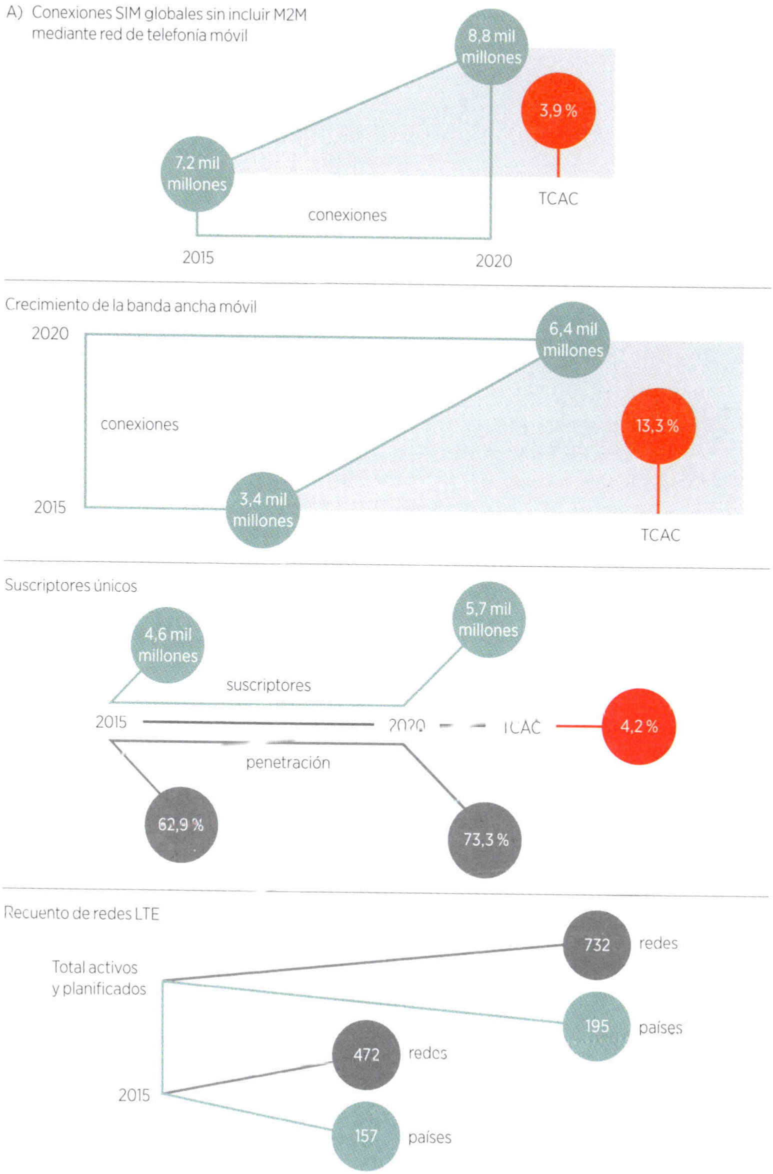

TCAC: tasa de crecimiento anual compuesto

Penetración de suscriptores únicos por regiones

Fuente: GSMA Intelligence

La base de suscriptores únicos en todo el mundo creció un 4,8 % en 2015: se prevé que dicho crecimiento se mantenga, aunque a un ritmo inferior del 4,2 % hasta 2020. No obstante, este crecimiento no es uniforme en todas las regiones del mundo. Actualmente, el crecimiento proviene de los mercados en desarrollo, que se prevé que añadan cerca de 980 millones de suscriptores durante los próximos seis años, en comparación con los 85 millones de nuevos suscriptores de los mercados desarrollados durante el mismo periodo.

Los niveles de penetración de suscriptores únicos varían de forma significativa en función de la región. Europa cuenta, en promedio, con las tasas de penetración más elevadas, seguida de Norteamérica y la Comunidad de Estados Independientes (CEI). El África Subsahariana tuvo la tasa de penetración más baja a finales de 2015 con un 43 por ciento de la población, a pesar de haber visto el crecimiento de suscriptores más rápido durante la última década en todo el mundo.

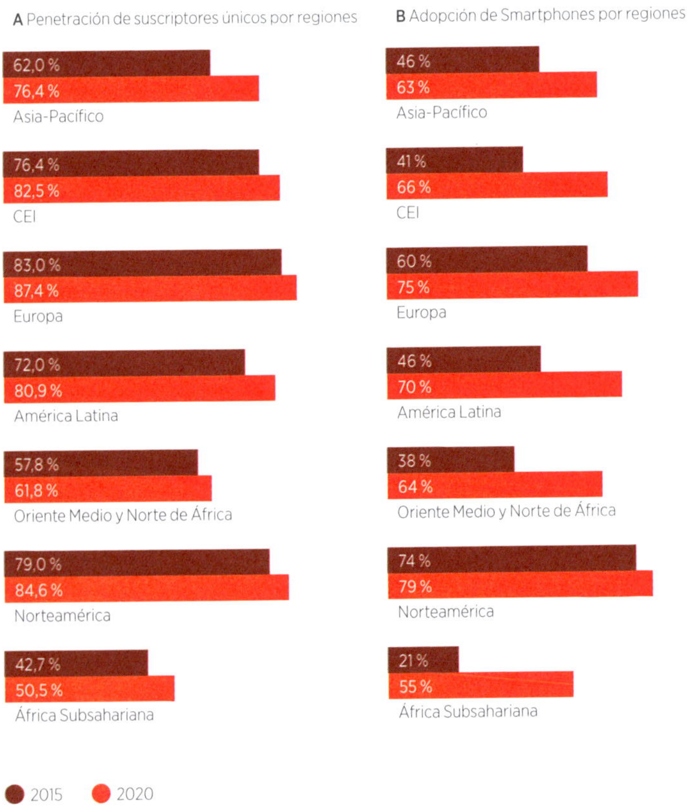

Ranking mundial de grupos de operadores móviles por conexiones, cuarto trimestre de 2015

Fuente: GSMA Intelligence, informes de las compañías

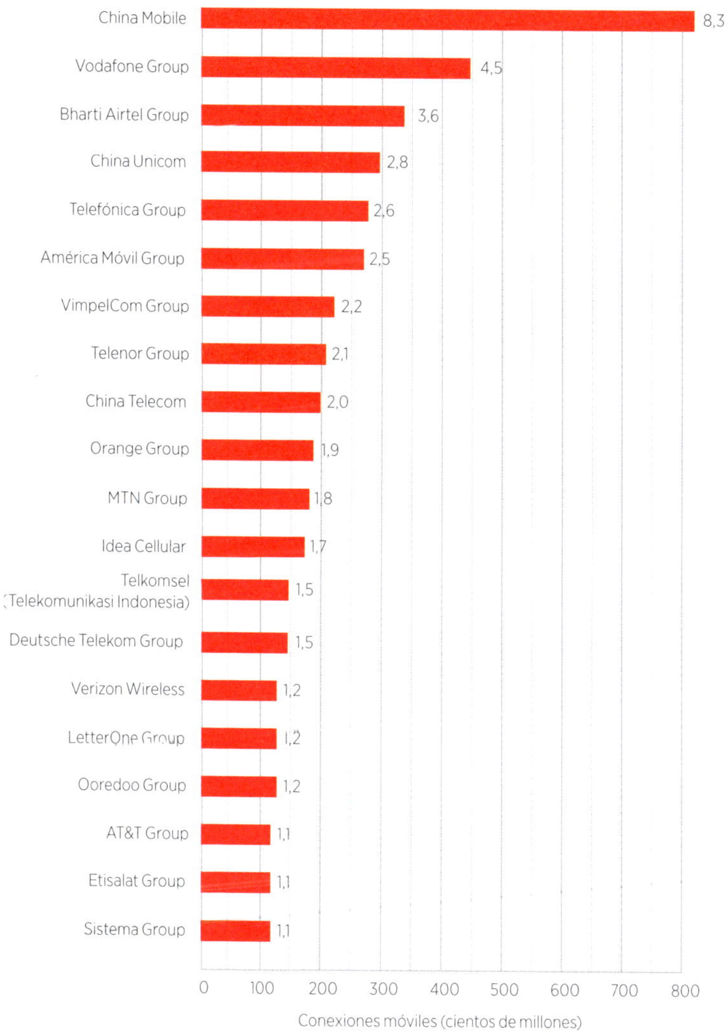

Tendencias mundiales de conexión

Fuente: GSMA Intelligence

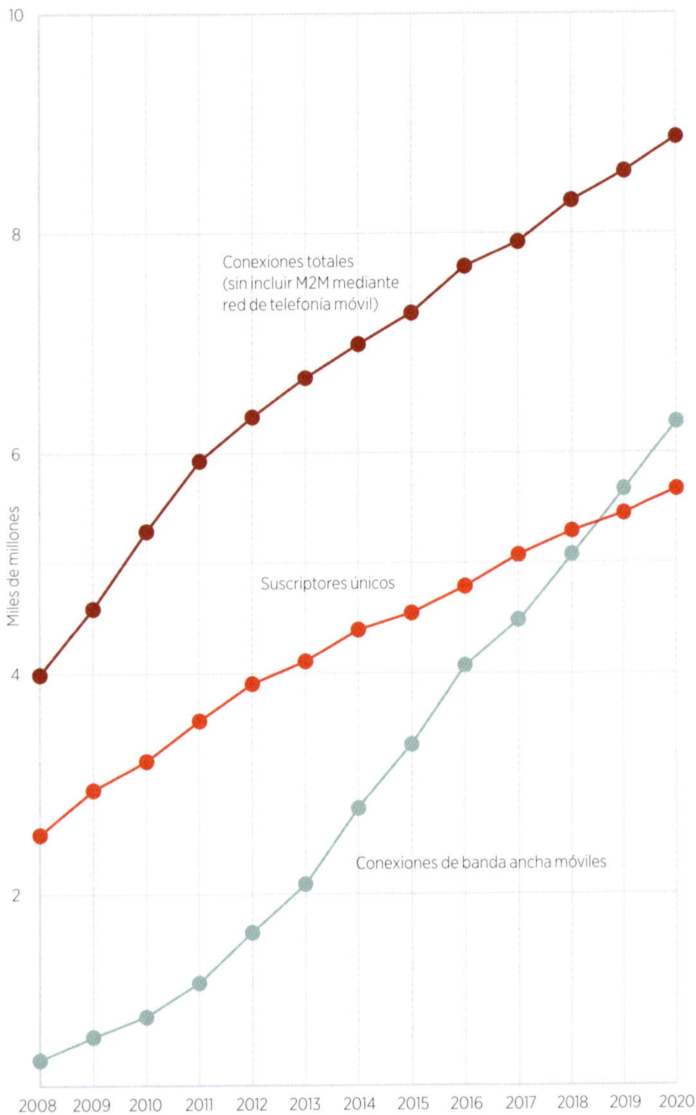

Previsión mundial de conexiones 4G-LTE para el periodo 2010-2020

Fuente: GSMA Intelligence

472 redes de LTE se lanzaron comercialmente en 157 países en todo el mundo entre diciembre de 2009 y diciembre de 2015, y por lo menos se espera que otros 260 operadores lancen LTE en los próximos años, lo que llevará a una previsión de 3.500.000.000 de conexiones 4G-LTE (FDD/TDD) globales en 2020.

El 63 % de las conexiones 4G-LTE globales provendrá de los países en desarrollo en 2020, frente a menos de la mitad en 2015, debido principalmente al aumento de TD-LTE en China.

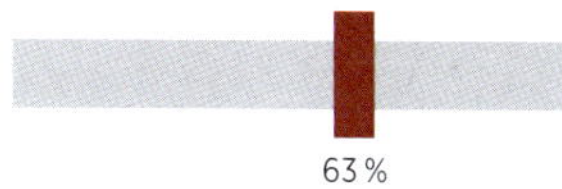

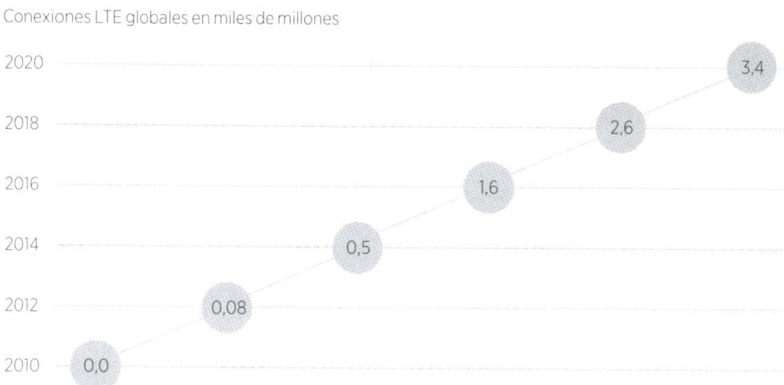

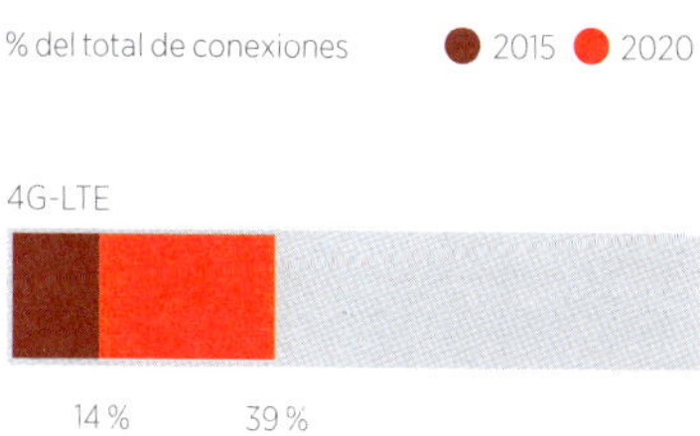

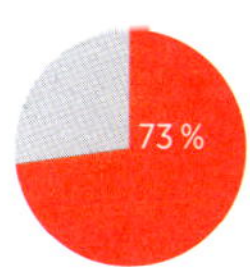

A finales de 2020, el 73 % de la población mundial tendrá acceso a redes 4G-LTE.

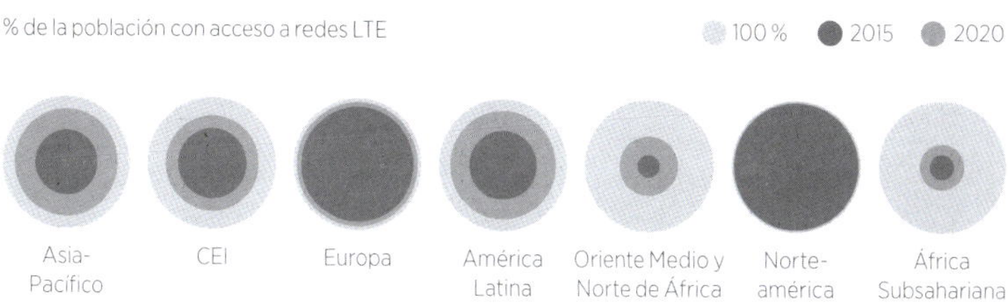

Espectro licitado en todas las regiones en 2012-2016 por bandas

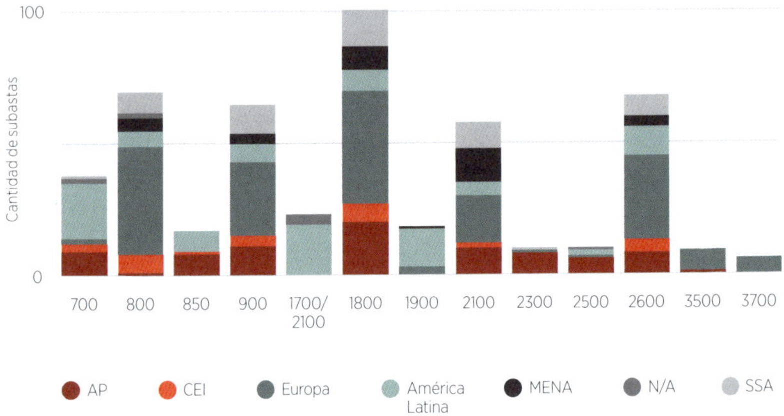

Cuota de despliegues LTE por banda de frecuencia, por región (octubre de 2016)

Fuente: GSMA Intelligence

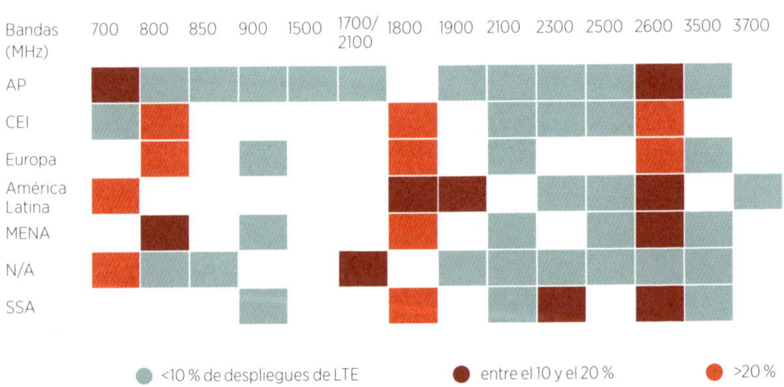

Contribución total (directa e indirecta) al PIB

(2015, miles de millones de USD)

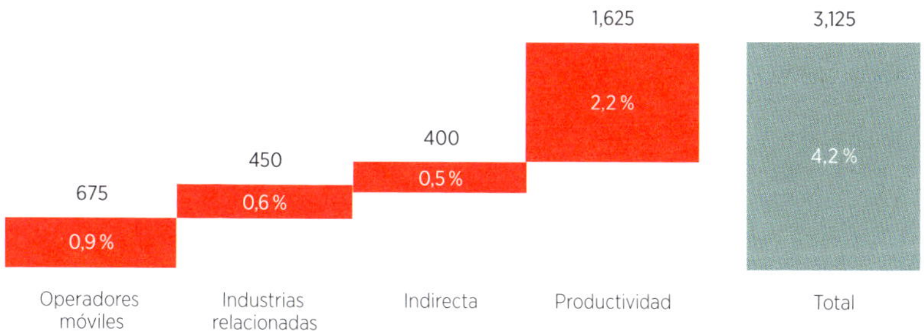

Contribución total del sector móvil al PIB hasta 2020

Valor agregado (mil millones USD)

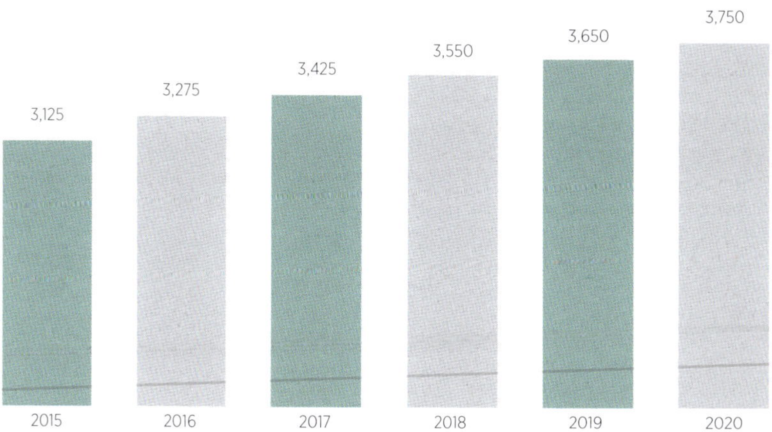

Datos financieros

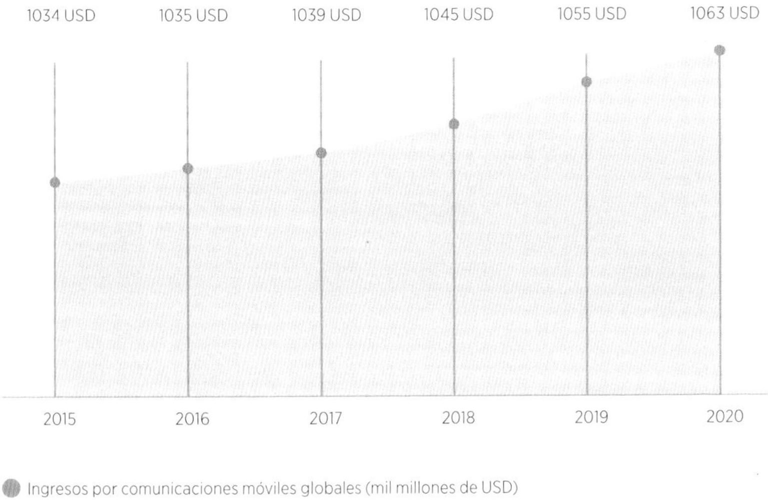

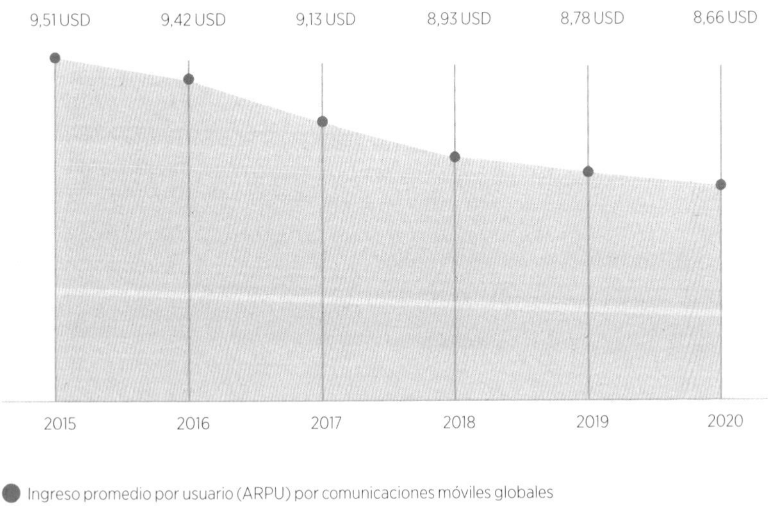